高等学校设计类专业教材

U0182547

竹藤家具设计与工艺

张仲凤　邹伟华　编著

机械工业出版社
CHINA MACHINE PRESS

本书内容主要包括概述、竹藤家具设计、竹藤家具形态、竹藤家具的制作工艺等。通过对竹藤家具设计与工艺的学习，学生可以初步具备进行竹藤家具设计的能力，即设计任务分析能力、竹藤家具造型设计能力、竹藤家具结构与工艺设计能力等。

本书理论联系实际，内容全面，图文并茂，通俗易懂，可作为高等院校家具设计与制造专业、环境艺术设计专业、木材科学与工程专业、工业设计专业及高职高专相关专业的教材，同时也可作为家具企业的工程技术人员与业余家具设计爱好者的参考资料。

图书在版编目（CIP）数据

竹藤家具设计与工艺 / 张仲凤，邹伟华编著. —北京：机械工业出版社，2020.8
高等学校设计类专业教材
ISBN 978-7-111-65860-3

Ⅰ.①竹… Ⅱ.①张… ②邹… Ⅲ.①竹家具－设计－高等学校－教材 ②藤家具－设计－高等学校－教材 ③竹家具－生产工艺－高等学校－教材 ④藤家具－生产工艺－高等学校－教材 Ⅳ.①TS664

中国版本图书馆CIP数据核字（2020）第102369号

机械工业出版社（北京市百万庄大街22号　邮政编码100037）
策划编辑：冯春生　　　　　责任编辑：冯春生
责任校对：赵　燕　潘　蕊　封面设计：张　静
责任印制：张　博
北京铭成印刷有限公司印刷
2020年8月第1版第1次印刷
184mm×260mm·9印张·166千字
标准书号：ISBN 978-7-111-65860-3
定价：39.80元

电话服务　　　　　　　　　网络服务
客服电话：010-88361066　　机　工　官　网：www.cmpbook.com
　　　　　010-88379833　　机　工　官　博：weibo.com/cmp1952
　　　　　010-68326294　　金　书　网：www.golden-book.com
封底无防伪标均为盗版　机工教育服务网：www.cmpedu.com

FOREWORD

前　言

　　我国竹藤资源储备丰富，且其生长周期短、可再生能力强。竹藤材料因其可持续性与优良的设计加工应用特性而广受人们青睐，设计制造的竹藤家具也成为重要的家具产品类型之一，未来发展前景巨大。学习掌握竹藤家具设计与工艺专业知识，对充分利用竹藤材料，设计制造出满足人们美好生活需要的家具具有科学指导意义，对丰富设计类专业的知识结构体系具有重要价值。

　　本书对竹藤家具的基础理论、竹藤家具的设计方法、竹藤家具的形态设计、竹藤家具的传统技艺与现代工艺等进行了系统论述。通过对"竹藤家具设计与工艺"的学习，能够对竹藤家具的专业知识有比较系统的认知，尤其是对"竹藤家具设计与工艺"所涉及的基本概念、文化内涵、设计内容、材料性能与工艺流程等相关知识有比较全面的了解，学生可以初步具备进行竹藤家具设计的能力，即设计任务分析能力、竹藤家具造型设计能力、竹藤家具结构与工艺设计能力等。对于"竹藤家具设计与工艺"的课程教学设置，建议采用理论教学、实地调研以及设计实践等方式进行，共48学时，其中理论教学32学时，实践教学16学时。

　　本书可作为高等院校家具设计与制造、工业设计、艺术设计等设计类专业的教材，也可作为高职高专艺术设计大类专业的教材，同时还可供广大家具设计人员和技术人员参考使用。

　　本书由中南林业科技大学张仲凤、邹伟华编著，虞文萱、李若瑶、杨洋、李美莲、宋菲菲、廖慧娟、卢晓杰、孙璨、陈功常等负责本书的图例绘制与整理。限于编者的理论水平和实践经验，书中难免存在疏漏和不足之处，敬请广大读者批评指正。

编　者

CONTENTS

目 录

CHAPTER 1

第一章
概　述

　　竹藤作为一种重要的森林资源，其广泛分布于亚洲、非洲、拉丁美洲。竹藤产业在消除贫困、增加就业、减少森林采伐、促进可持续发展等方面都有重要作用和巨大潜力。我国是世界竹业大国，竹种资源、竹林面积和蓄积量均居世界前列。竹产业已成为我国极具潜力和活力的新兴产业，为带动当地经济发展、农民增收、促进生态环境建设发挥了积极作用。

　　随着人们环保意识日益增强，以及对绿色、低碳生活追求高涨，竹藤作为一种生长周期短、资源丰富、环境友好的天然材料，早已成为家具材料的宠儿。随着竹藤产品的不断增多，特别是借力于科技创新与技术升级，我国的竹藤家具也进入了快速发展的阶段。从传统的资源培育到现代的精深加工，一项项先进成果支撑着当今竹藤家具产业的迅猛发展。从保护森林、保护环境的要求出发，以竹代木是家具制造业可持续发展的重要途径。

第一节 竹藤家具的发展历程

我国传统竹藤家具虽未像传统红木家具那样被世人推崇，但它在我国家具史上的历史地位却不可小视。根据考古发现，我国竹藤家具的出现远远早于红木家具，而且因其资源丰富也使竹藤的使用量远远超过红木家具，甚至可以说，竹藤家具还启发和推动了我国传统红木家具的发展、进步，以至于在传统红木家具中出现了许多仿竹家具的例子。纵观我国竹藤家具的发展，可归纳为四个阶段。

一、远古遗存

竹藤家具至今已有7000多年的历史了，是人类早期文明中比较经典的艺术形式之一。据考古发掘所知，我国最早的竹藤类家具应为编制的苇席，大约出现在距今7000年；而在江苏吴县草鞋山遗址发掘出了最早的篾席实物，距今约6000年；在浙江吴兴钱山漾遗址出土有竹席、篾席，距今约5000年。

自从人类开始定居生活后，为了便于存储米粟和猎取的食物，便就地取材，使用竹藤的枝条编成篮、筐等器皿，如图1-1所示。人类为了适应自身的生存和发展，从天然洞穴中走出来，便开始利用竹藤、土、石、草、木等作为建筑材料，如图1-2所示。而且，早期的陶器也以竹藤编制的篮筐作为模型，再在篮筐里外涂上糊泥，制成竹藤胎的陶坯，在火上烘烤制成器具，如图1-3所示。

图 1-1
原始人用竹藤的枝条编成篮、筐等器皿

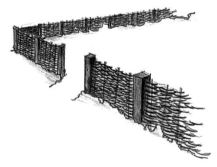

图 1-2
原始人利用竹藤、土、石、草、木等作为建筑材料

图 1-3
原始人用竹藤编制的篮筐作为早期陶器的模型

二、传统与经典

竹藤家具在夏商周的奴隶社会已经广泛使用，以供人坐、卧的席为主，同时也出现了其他形式的竹藤家具，如在湖北江陵九店东周墓中挖掘出大量竹制品，包括竹盒、竹席和竹扇等。

到了春秋战国时代，竹的利用率得到扩大，竹子的编织逐步向工艺方面发展，竹编图案的装饰气味越来越浓，编织也日见精细。战国时期的楚国编织技法已经十分发达，出土的有竹席、竹帘、竹笥（即竹箱）、竹扇、竹篮、竹篓、竹筐等近百余件，如图1-4所示。秦汉时期的竹编沿袭了楚国的编织技艺。1980年我国考古工作者在西安出土的"秦陵铜马车"底部铸有方格纹，据专家分析，此方格纹就是根据当时竹编席子编织的方格纹翻铸的。

魏晋南北朝时期是席地坐与垂足坐共存期，直到唐代后期逐步建立了以高型家具为主的垂足而坐期。东晋顾恺之《女史箴图》中绘有一围屏架子床，此床的围屏框架内为竹藤类材料编织而成。在唐代画家卢楞伽《六尊者像》中绘有一把竹椅，如图1-5所示，此椅搭脑和扶手出头是典型的"四出头官帽椅"式样，这种竹椅很可能影响了后来的传统红木家具中官帽椅的发展。除了竹床、竹椅、藤墩等高型家具出现外，早先的竹席、藤席、苇席等矮型家具也依然普遍，竹藤制的箱、箧、盒、篚、筐、笼等家具也活跃在这个时期。

宋元时期，竹藤家具也随着整个家具的发展进程逐步地成熟、完善，最终形成了完整的竹藤家具系统。这一时期的竹藤家具主要以竹椅为主，藤一般作为椅面、床面的编织材料。如南宋戴侗《六书故》中记载："今人不言箧笥而言箱笼，浅者为

图 1-4
战国时期的竹编技法

图 1-5
唐代画家卢楞伽《六尊者像》中的竹椅

图 1-6
宋代《十八学士图》中的"湘妃竹"制竹椅、藤墩

第一章 概　述／003

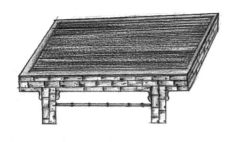

图 1-7
元代钱选的《扶醉图》中的竹藤制大榻

图 1-8
明代的褐漆竹编圆盒

图 1-9
清代的竹藤家具

箱，深者为笼也。"可见，竹藤编制的储藏类家具使用十分普遍，而且形制和名称上也进一步规范。在宋代《十八学士图》中就绘有"湘妃竹"制的竹椅、藤墩，如图1-6所示。在元代钱选的《扶醉图》中绘有一张竹藤制的大榻，竹子作为支撑框架，而藤屉铺于榻上，如图1-7所示。

明清时期的竹藤家具，其形制已经完全属于高型家具特征。明代初期，江南一带从事竹编的艺人不断增加，游街串巷上门加工，竹席、竹篮、竹箱都是相当讲究的工艺竹编，益阳的水竹凉席就创始于元末明初。明代中期，竹编的用途进一步扩大，编织越来越精巧，还和漆器等工艺结合起来，创制了不少上档次的竹编器皿，如珍藏书画的画盒、盛放首饰的小圆盒、放置食品的大圆盒等，"褐漆竹编圆盒"就是明代官宦人家使用的一种竹编圆盒，如图1-8所示。清代保留了较多的竹藤家具实物，是中国传统竹藤家具最为丰富和成熟的阶段，如图1-9所示。清代时期，特别是乾隆以后，竹编工艺得到了全面发展，到了20世纪30年代，我国南方各地的竹编技法和编织图案得到了进一步发展，汇集起来已经有150余种编织法。

三、工业化

竹藤家具无论产品本身还是生产过程都符合环保要求，当今被称为"绿色家具"。此类家具不仅柔韧性好、符合人机工程学、手感清爽、透气性强、舒适别致、质感自然，而且吸湿、吸热、防虫蛀，不易变形、开裂、脱胶等，各种物理性能都相当于或超过中高档硬杂木，特别适合现代人追求返璞归真、回归自然的心理愿望，所以深受人们喜爱。

工业化的当代竹藤家具一般分为传统框架式和现代板式两大类。如今的传统框架式竹藤家具，注重造型设计上的创新，并通过改进制作技术及工艺，既保持了原竹特有的质感和性能，又克服了其易干裂走形的不足，同时外形美观、质量亦佳，如图1-10所示。现代板式竹藤家具，其生产工艺完全利用板式家具的工艺和技术，整个家具既符合现代人对家具使用功能的要求，又满足了人们对变化和个性的追求，可以说是技术与艺术的完美结合，如图1-11所示。

图 1-10
传统框架式竹藤家具

四、前沿科技与新材料

前沿科技影响下的未来竹藤家具，立足于竹藤材料解剖、物理、化学和力学特性，从竹藤材料的基本结构和理化性能研究入手，有针对性地进行竹藤材料、构件的合理设计与增强改性，发掘竹藤材料高强高韧的性能优势，解决竹藤材料耐候耐久性差等问题。通过竹藤材料高效综合利用技术、功能性改良技术、环境友好防护技术，以及竹藤基生物质复合材料制造技术、其他生物质材料的能源转化利用技术等前沿科技，开发高强高韧强耐久的竹基新材料及其构件，以替代木材、钢材和玻璃钢。

竹材弧形原态重组板材（图1-12），是由一片片弧形竹条经胶合压制而成的板材，与长方形竹条相比，弧形竹条充分利用了竹弧形原态，切削量大为减小，且弧形竹条具有握力，使竹弧形原态板有更卓越的物理力学性能，并且具有吸水膨胀系数小、不干裂和不变形

图 1-11
现代板式竹藤家具

图 1-12
竹材弧形原态重组板材

的优点，弥补了国内将一片片长方形竹条经胶合压制成板材而存在着竹利用率低下的不足。

竹材原态多方重组材料（图1-13），是将直径相当的竹段外表面加工成正多边形化的竹材单元，以其横截面按边对边并列排放、纵向指接延长粘接而成的竹材重组材料。其基本制造方法包括锯切定段、铣削成正多边形、铣指榫、涂胶和组坯、加压加热或冷态固化等工序。竹材单元正多边形化的边数为4～8。针对竹材具有中空、锥度、竹节等物理结构特性，将空心竹材单元横向边对边排列，纵向任意延长，重组材料保持了竹材天然结构，可制造强度高、长度大、跨度大的结构材料。其不但可替代木材，提高竹材利用率，节省林木资源，而且在某些用途上还可替代钢材等结构材料，提高了结构材料的亲自然能力。

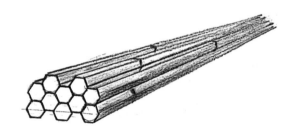

图 1-13
竹材原态多方重组材料

第二节　竹藤家具的文化内涵

当以现代设计美学的角度考察我国传统竹藤家具时，会发现它承载着我国传统家具设计美学的演变过程，并体现着现代设计美学的多种形式与功能美感，更为重要的是它蕴涵了设计美学中深层次的美——文化之美，即我国的竹文化艺术。竹文化在我国历史悠久，其蕴涵的文静、高雅、虚心进取、高风亮节、乐于奉献等美德给人留下了完美的形象。因为竹子的万般风情给人以艺术的美感，更因为竹子的天然性情和独特品格给了人们哲理的启迪和人格的力量，所以，古人喜爱竹、欣赏竹、崇拜竹、赞美竹。我国传统竹藤家具装饰素朴，充分展现了材质本身清新淡雅的自然美；形态简练实用、刚劲疏朗，给人以豁达洒脱之感。这些造型美学特征，展现了我国传统竹文化所追求的自然之趣，是道家"淡泊无为"理想人格的体现，同时，也蕴藏着道家"有无"的美学思想。竹、藤材家具的用材是速生的天然材料，生长周期快，成材早，产量高，且竹子砍伐后可再生，因此，竹、藤材在现代家具中的开发利用符合生态思维的原则。纵观古今，竹藤家具的文化内涵主要体现于以下几方面：

一、文人情怀

我国传统竹藤家具具有极强的"人格化"意味，以其特有的天然材质和艺术魅力吸引着历代文人雅士的青睐，并赋予了它更多的淡雅、柔润、刚毅、进取等人性品格，致使其承载了儒道美学文化。传统竹藤家具形态简洁、大方，结构精巧、合理，装饰朴实、适度，材质天然、光亮，色彩淡雅、清新，这些都寄托着古代文人的审美情趣和生活哲学。文人们还留下了大量对于竹、竹家具的溢美之词，苏轼《於潜僧绿筠轩》中言："宁可食无肉，不可居无竹。无肉令人瘦，无竹令人俗。"刘敞《竹床》中道："栉栉裁脩竹，荧荧粲寒光。浮筠凝烟雾，疏节留雪霜。甘寝百疾解，侧身夏日长。此时四海波，亦已如探汤。嗟我智虑短，苟为安一床。"都表现出了对竹、竹家具的喜爱，如图1-14所示。

图1-14
寄托文人情怀的竹与藤

二、开拓精神

竹子静默而优雅，它守着头顶的一片蓝天和脚下的一方土地，具有笑迎风霜雨雪的坚韧品格，竹子的刚劲、清新也使竹藤家具蕴涵着生机勃勃、盎然向上的开拓精神。白居易在《题李次云窗竹》中赞美道："千花百草凋零后，留向纷纷雪里看。"还有"莫嫌雪压低头，红日归时，即冲霄汉；莫道土埋节短，青尖露后，立刺苍穹。"这副对联，道出了竹子刚柔并济、伸屈自若的品格，以及博大胸襟与开朗豁达的品性。

三、吉祥寓意

竹子高而直，有幸福长寿、生命力顽强的象征意义；竹子中空，有品行谦虚、宁静致远的象征意义；竹子有节，有坚贞不屈、节节高升的象征意义，如图1-15所示。此外，"竹"与"祝"谐音，有美好祝福、吉祥如意的寓意。竹材作为典型的中国元素，其吉祥寓意在竹藤家具设计中被广泛应用，并将蓬勃向上、淡泊明志、有礼有节的品行得到了全面的诠释。

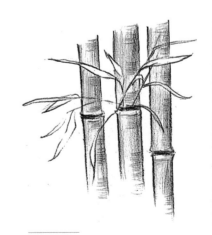

图1-15
竹节象征"节节高升"

四、绿色生态的现代理念

竹藤家具在加工过程中也不会产生有害物质。竹子在粘接上使用了特种胶，这种胶不会产生对人体有害的甲醛，以竹、藤材为原料生产出来的家具不会对居室环境产生有害物质。竹藤家具在加工过程中产生的剩余物或使用后的废弃产品也容易处理，可以焚烧或掩埋成有机肥料，不会污染环境。因此，竹藤家具具有绿色生态的现代理念。

第三节　竹藤家具的艺术形式

一个完美的造型体现了合理的形式美法则，竹藤家具造型设计具体落实在对点、线、面、体、色彩、质感等构成要素的分解与组合上，要使这些要素具有为人所接受的特定的审美意义，设计师常常要运用统一与变化、对称与均衡、节奏与韵律等具体的艺术形式。这个复杂过程中最关键的因素就是要使各构成要素达到高度的协调。

从现代设计理论分析，竹藤家具的艺术形式主要表现于以下三个方面：

一、构成艺术

竹藤家具是线的构成艺术。竹藤家具的造型特点是具有线状穿插的形态结构，竹竿、竹条和藤条之间的排列、交错、连接形成了线与线之间的构成组合，丰富而不繁缛、朴素而不凡俗，从而形成了竹藤家具独特的构成艺术，如图1-16所示。传统竹藤家具的造型主要受到了明式家具的影响，传统竹藤家具在造型上融合了明式家具的简练、淳朴、厚拙、凝重的特点，在线条的使用上更加轻快与完美。直线杆件和弯曲杆件构成了竹藤家具的骨架。传统竹藤家具结构中的"线"包括框架线、连接线和装饰线等。

图 1-16
竹藤家具是线的构成艺术

竹藤家具是面的构成艺术。当今以竹集成材为主的竹人造板家具遵从了现代板式家具的构成艺术,即面的构成艺术,如图1-17所示。

图 1-17
现代板式竹藤家具是面的构成艺术

二、韵律变化

竹材外形光滑细腻,能做多种优美的弯曲,并能保持中空有节的天然形态,轻巧雅致,有一定的韵律美和节奏感。各种韵律美、节奏感还经常出现于竹、藤,或者竹藤混编的编织物中,如"圆面编"即用篾丝围绕圆心的周边进行编织,在生活日用器具和工艺竹编中经常用到,因其图案形状为一圈一圈地向外扩展,所以给人一种和谐的韵律感和节奏感,如图1-18所示。

三、和谐统一

竹藤家具的造型特征完全能由其结构形式进行体现,其结构即是其装饰。因此,竹藤的材质美、色彩美,通过其特有的构成形式生成各因素和谐统一的美的家具形态,如图1-19所示。

图 1-18
竹、藤创造的韵律感和节奏感

图 1-19
和谐统一的竹藤家具

第四节　竹藤家具的风格式样

根据目前市场常见的竹藤家具式样，可将其主要分为传统风格、田园风格和简约风格。

一、传统风格

传统风格的竹藤家具既有表现欧美风格的西式家具，又有演绎东方情调的中式家具，特色鲜明，极具质感，于原始中略带高雅，于精致中显露自然，充分迎合了现代人的时尚品位，如图1-20所示。有些竹藤家具在吸收传统式样风格的基础上，结合人机工程学的原理，使人的生理、心理需要得以最大满足。

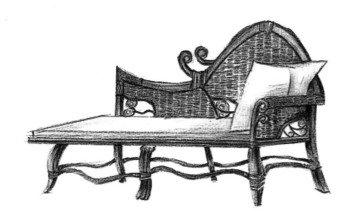

图 1-20
传统风格的竹藤家具

图 1-21
田园风格的竹藤家居产品

二、田园风格

田园风格的竹藤家具富有天然的纹理质感，带给人以雅致、清新、质朴和典雅的感觉，其形态自然、舒适，洋溢着活泼温馨、清新典雅的味道，具有浓郁而亲切的乡土气息与田园色彩，如图1-21所示。竹藤家具坚实耐用，可被赋予清新、高雅、自然的田园风格，在自然原始中蕴涵着高雅，使居室充满悠闲、宁静的自然情调和亲切、活泼的环境氛围，满足了现代人返璞归真的心理。

三、简约风格

以竹集成材为主的竹人造板家具以及竹钢家具，其设计风格大多以简约风格为主。这种简约风格的竹藤家具，注重多元需求的功能美与几何形式的构成美，自然且时尚，尤其符合现代年轻人的审美情趣，如图1-22所示。

图 1-22
简约风格的竹藤家具

第五节　竹藤家具的材料类型

虽然，当今的原竹藤家具、竹集成材家具、竹重组材家具和竹材弯曲胶合家具的主要原材料都来自于竹藤，但是，上述竹藤家具却表现出不同的材料类型，即不同的结构形态、工艺形态。竹藤家具的材料类型主要分为以下几类：

一、传统竹藤材料

原竹藤家具是指以圆形而中空有节的竹材竿茎作为家具的主要零部件，并利用竹竿弯折和辅以竹片、竹条（或竹篾）、藤条的编排而制成的一类家具，其原料属于传统竹藤材料，如图1-23所示。原竹藤家具原料资源丰富、成本低廉、生产历史悠久、使用地区广泛、消费者众多。原竹藤家具类似于传统的框式家具，是我国竹材在家具领域的最初应用形式。原竹藤家具按制造方法大致可分为两大类，第一类主要是斫削而成的竹榻、竹椅、竹凳、竹案、竹桌等，第二类主要是编织而成的竹筐、竹箱和竹帘等。

图 1-23
原竹藤家具

图 1-24
竹集成材家具

图 1-25
竹重组材家具

图 1-26
竹材弯曲胶合家具

二、现代竹藤材料

现代竹藤材料主要包括竹集成材、竹重组材、竹材弯曲胶合板和轻质藤基复合材等。

竹集成材是把竹材加工成小料，通过胶合指接成大面积的竹板，并可进行锯裁、刨削、镂铣、开槽、钻孔、砂光、装配、表面装饰等方式加工制成家具，如图1-24所示。现有竹集成材家具的结构类型主要分为板式家具和框式家具两类。由于竹集成材色泽淡雅、自然，具有东方古典的历史文化韵味。竹集成材家具用竹材旋切单板或竹集成薄板作为表板，或再辅以竹材的弦面、径面及端面组合拼花，可取得良好的装饰效果。竹集成材家具具有强度大、尺寸稳定、不易开裂等优点，而且由于生产时经过一定水热处理，成品封闭性能好，所以能有效防止虫蛀与霉变。

竹重组材是将竹材重新组织并加以强化成形的一种竹质新材料，也就是将竹材加工成长条状竹篾、竹丝或碾碎成竹丝束，经干燥后浸胶，再干燥到要求含水率，然后铺放在模具中，经高温高压热固化而成的型材。竹重组材家具是以各种竹材的重组材（即重组竹）为原材，采用木制家具（尤其是实木家具）的结构与工艺技术所制成的一类家具，如图1-25所示。通过碳化处理和混色搭配制成的重组竹，其材质和色泽与热带珍贵木材类似，可以作为优质硬木的代用品，用于仿红木家具或制品的制造。

竹材弯曲胶合家具主要是利用竹片、竹单板、竹薄木等材料，通过多层弯曲胶合工艺制成的一类家具，如图1-26所示。

三、新材料

竹钢，是一种高性能竹基纤维复合材料，主要是指以竹基纤维帘为基本构成单元，按顺纹理方向经热（冷）压胶合而成的板材，如图1-27所示。目前国内生产的竹钢是以中国南方地区大量生长的竹材资源为原料，通过纤维化竹束帘制备技术、酚醛树脂均匀导入技术、连续式网带干燥技术、大幅面板坯铺装技术、成形固化技术等多项技术集成，实现竹基纤维复合材料的高性能和可调控，最终制造成高性能多用途竹基纤维复合材料。竹钢的特点是绿色环保，且具备高强度、可塑性高和经久耐用等特性。

图 1-27
竹钢

竹纤维，作为一种性能优异的高分子材料，属于《新材料产业发展指南》先进基础材料中的先进轻纺材料和先进建筑材料、关键战略材料中的高性能分离膜材料和高性能纤维及复合材料，可广泛应用于纺织、非织造、复合材料、建筑材料、环保材料等生产领域，如图1-28所示。与传统材料相比，竹纤维不仅在性能上超越玻璃纤维、粘胶纤维等化学材料，更具有天然环保、原料可再生、低污染、低能耗、可自然降解等特点，势必成为新材料领域最具发展潜力的材料。

图 1-28
竹纤维织物

竹缠绕复合压力材料是一种用竹子作为基材，采用机械缠绕工艺制造而成的，具有较强抗压能力的一种生物质材料。其充分发挥了竹子轴向拉伸强度高和柔韧性好的特性，可在管道、管廊、容器、交通运输以及现代建筑等领域广泛应用，在提高竹材价值方面潜力巨大，如图1-29所示。

图 1-29
竹缠绕复合压力材料

习题

1.列举我国传统民俗竹藤家具的经典案例（要求图文并茂）。

2.论述我国传统竹藤家具与传统文化的关系（字数要求为2000～3000）。

第二章
竹藤家具设计

竹藤家具设计主要涉及竹藤家具的设计程序、概念设计、产品设计和展示设计等方面，竹藤家具设计属于整个竹藤家具领域的重中之重。竹藤家具领域的一切活动都是围绕着竹藤家具设计展开的，无论是生产实施所必需的材料、结构、工艺等技术内容，还是市场推广所必需的营销策略，都是在竹藤家具设计的基础上进行拓展延伸的。而竹藤家具设计是其生产企业的整体战略、市场的流行趋势、社会的审美文化等因素的综合体现。大多成功的竹藤家具设计都是其生产企业发展到一定时期所有智慧、经验的结晶，紧密联系着企业的整体战略，同时，也是企业针对某个特定时期的市场状况、流行时尚、审美情趣等所部署的局部战役的重要内容之一。

第一节 竹藤家具的设计程序

设计的方法直接影响着设计结果的优劣，好的方法能达到事半功倍的效果。根据大多产品设计的经验和竹藤家具产品研发的特点，竹藤家具的设计程序主要包括以下几个方面：设计任务分析、市场调研、设计定位、发散思维与构思设计、打样试制、设计评审等。

一、设计任务分析

无论是竹藤家具的产品设计还是纯粹的概念设计，都是为体现某个设计主题而进行的创造性活动，如图2-1所示。设计主题是由企业的整体战略和内外因素所决定的，并指导着产品设计的行动方向，设计主题常反映在设计任务书中。竹藤家具的设计主题主要体现在其材料的绿色属性和文化属性，以及其所反映的技艺特性，如将茶文化与竹文化的渊源作为设计主题，并根据企业的整体战略和内外因素进行产品研发定位等。

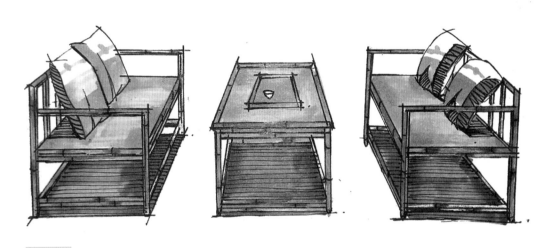

图 2-1
体现"茶会"主题的竹藤家具设计

二、市场调研

在充分了解设计任务、把握设计主题之后，应根据设计主题收集与竹藤家具设计相关的资料与信息，即进行市场调研，如调研竹藤家具企业的业态内涵、产品竞争力状况、市场对相应竹藤家具的需求状况等。然后对市场调研的内容进行归类整理，并通过对相关资料的具体分析，寻求设计出发点以及设计元素，为设计工作的正式开展做好充分的准备。

1.根据竹藤家具企业的整体战略和内外因素明确竹藤家具产品设计的行动方向

竹藤家具设计绝对不是天马行空般的艺术创作，而是一种逻辑性强、过程严谨、注重理性思维的综合行为，如图2-2所示。在进行产品设计时，应根据竹藤家具的传统技艺思考竹藤家具产品设计的行动方向。在开始每项设计活动之前，都应该对竹藤家具设计的内容、性质、目的以及意义等信息有比较全面的认识，如了解所服务企业的生产能力、工艺水平、市场定位、供求关系和盈利水平等。

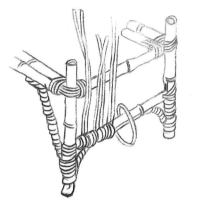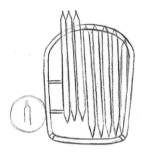

图2-2
逻辑性强、过程严谨、注重理性思维的竹藤家具设计

在进行竹藤家具产品设计时，首先应了解竹藤家具企业的整体战略和业态关系等。企业的发展战略影响着企业的一切行为活动，产品设计更是企业整体战略的重要组成部分。竹藤家具企业每个时期的产品设计都是符合其整体战略、业态关系发展的阶段性行为，而且，同一企业开发的不同系列的竹藤家具产品相互联系、相互影响，共同体现着整体战略的产品形象。因此，在进行某一时期的竹藤家具产品设计时，应该对其在整体战略中所处的阶段性作用有个深刻理解，这样才能使将要进行的产品设计不会偏离企业整体战略、业态关系的发展。

其次，应对竹藤家具生产企业的内外因素做全面的了解。企业的内部因素主要是指企业的市场定位、生产水平和文化特征等，如以竹代木的市场认同度、编织工艺特点、生态理念与休闲文化等。企业的外部因素主要是指企业所处的市场环境、时代特征和社会背景等，如竹藤家具所面对的消费状况、时代审美情趣和消费者价值观等。通过对竹藤家具企业内外因素的全面了解，从而使竹藤家具产品设计能根据企业的实际状况明确行动方向，使所设计的产品能扬长避短、避重就轻，切实为企业的发展服务，如对于一些依赖手工生产且产量较低的小型竹藤家具企业，可以将一些能体现劳动附加值的手工技艺作为产品设计的行动方向，从而提高企业的产品竞争力。

根据竹藤家具企业的整体战略和内外因素决定每次设计的设计主题以及产品的研发设计。图2-3所示即为根据竹藤家具企业的休闲产品发展战略、编织工艺水平、市场对休闲产品的认同度进行的竹藤躺椅研发设计。在制定设计任务书时，应清晰、详细地反映设计主题，这样设计任务书也就成了指导产品设计行动方向的重要文本。产品设计活动绝对不是一种单独的个人行为，而是一种注重团队合作的社会行为，统一的设计任务书更有利于指导团队进行产品设计，并保证目标的一致性。

图 2-3
根据休闲类竹藤家具生产
企业的整体战略和内外因
素所设计的家具产品

2.全面收集与竹藤家具设计任务相关的信息并对其进行归类整理与系统分析

设计主题的确立反映了竹藤家具设计的目的与意义，同时，也在各个阶段影响着设计活动的展开。竹藤家具设计的初期阶段，应该全面收集与设计任务、设计主题相关的资料与信息，并对所收集的信息进行归类整理与系统分析，以及为设计开展准备充分的素材，如对符合竹藤家具企业生产能力的传统竹藤家具技艺进行收集整理，对同类产品的市场状况进行收集整理，对相应消费者的审美情趣、消费能力等信息进行收集整理等。

对相关资料的收集，主要采用以下几种方法：查阅法，通过对相关图册、杂志和网络等媒介进行查阅，以收集相关信息；问卷法，通过对生产商、经销商和消费者等涉及人员进行问卷调查，以收集相关信息；访问法，通过对生产企业、销售场所等地进行实地访问，以收集相关信息等。

对相关资料的归类整理，主要从以下几个方面进行：将所收集的同类产品的设计状况、市场状况等资料归类到横向资料；将所收集的设计的理论依据、文化背景等资料归类到纵向资料；将所收集的具有潜在联系的政策方针、时尚脉络等资料归类到斜向资料。

3.通过对所收集相关资料的具体分析，以寻求竹藤家具设计出发点，即设计元素

如何将所收集的资料、信息转化成具有建设性的竹藤家具设计概念，是开始竹藤家具概念设计的一个重要环节。这一点的实现，就要求对所收集相关资料进行深入的、理性的研究分析。在所归类整理的资料中，横向资料通常是最受关注的，但过分强调横向资料的重要性就会造成最后所设计的竹藤家具产品具有抄袭其他同类产品的嫌疑，如图2-4所示。如果所服务企业的战略定位就是针对二级市场并以跟风的竹藤家具产品为主，那么在其设计概念时应该重点关注横向资料，并通过对同类产品进行全方位的再设计，以避免纯粹的模仿抄袭。如果是设计原创性较强的竹藤家具产品，其设计概念则应该从所归类整理的纵向资料、斜向资料中寻找创新点，如图2-5所示。

图 2-4

根据横向资料进行竹藤家具概念设计

图 2-5

根据斜向资料进行竹藤家具概念设计

在竹藤家具设计的概念中，常将设计出发点、设计元素作为主要的行动内容。通过举行小组座谈会（Focus Group），针对所有资料进行分类整理、归纳分析，以总结出一系列具有建设性的设计出发点，即提炼出若干极具代表性的竹藤家具设计元素，如提炼竹藤家具中特色鲜明的编织技艺、装饰图案、整体形态等设计元素作为设计出发点。

三、设计定位

一个有着战略规划的现代竹藤家具企业，其每个时期的产品任务都是十分明确的，而产品的营销策略也应该围绕着这个阶段性任务展开。根据不同时期产品的战略任务设计其营销策略，即产品上市定位与组合策略。

竹藤家具产品上市定位对产品形成竞争差异并获得市场成功有着十分重要的影响。目前，根据城市的经济、文化、艺术、教育等发达水平的不同，竹藤家具产品上市定位一般可以分为三个级别，即针对所谓的竹藤家具产品一级市场、二级市场和三级市场的定位。

1.针对一级市场的竹藤家具设计定位

竹藤家具产品的一级市场通常处在综合发展突出的直辖市、经济特区以及个别省会城市等。一级市场的竹藤家具产品多具有风格样式多样化、个性化追求明显、整体品质讲究等特点。而且，一级市场成了各种具有高附加值竹藤家具产品的"主战场"，一些品牌价值、工艺价值和文化价值等突出的竹藤家具产品多将其"旗舰店"设在属于一级市场的城市。针对一级市场的竹藤家具个性鲜明，产品设计附加值突出，如图2-6所示。

2.针对二级市场的竹藤家具设计定位

竹藤家具产品的二级市场通常处在中部内陆省会城市。二级市场竹藤家具产品的风格样式虽不及一级市场，但竹藤家具产品类型也是比较丰富的，尤其是在一级市场趋于饱和的情况下，二级市场更是成了大多竹藤家具产品争夺的重要"阵地"。许多曾经在一级市场盛行一时的竹藤家具产品，逐步转战二级市场，使销售高峰得以延续。不过，二级市场的竹藤家具产品相对一级市场比较中规中矩，其个性化追求也不及一级市场，大多为实用型竹藤家具产品，如图2-7所示。

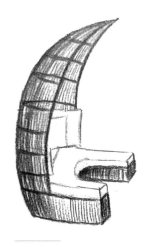

图 2-6
针对一级市场定位的竹藤家具设计

图 2-7
针对二级市场定位的竹藤家具设计

3.针对三级市场的竹藤家具设计定位

竹藤家具产品的三级市场通常是指一级、二级以外的其他市场。三级市场竹藤家具产品多为大众化的风格样式，多以现代简约风格的板式竹藤家具以及传统手工艺突出的竹藤家具产品为主，更注重产品的经济性与实用性，如图2-8所示。而且，三级市场产品更新变化的频率也不及一级、二级市场。随着农村的城镇化，三级市场的空间将得到前所未有的扩展，这不但影响着竹藤家具产品的定位，而且对竹藤家具产品设计也产生着深远影响。

无论是针对哪个市场级别的竹藤家具产品设计，其市场定位基本都会涉及三个方面。

1.功能性定位

竹藤家具企业一般都希望所开发的产品成为这个产品类型最具竞争力的产品，定位时一般大多通过功能齐备、外观新颖、技术领先等产品功能性设置形成其产品投入市场的先导优势，功能性定位成了绝大多数竹藤家具产品的基本定位准则。图2-9所示为能适应家居、餐饮、办公等多种场合的功能性定位突出的竹藤坐具设计。尤其是一些刚起步且综合能力较弱的竹藤家具企业，基本都将这种纯粹的功能性定位作为其产品的主要定位。

2.种类性定位

种类性定位比较容易开创新型产品种类，实现对新品类的有效占位，也比较容易做到品牌升级。但这种定位有个缺点，就是品牌横向拓展的空间比较小，容易做深，但很难做广。种类性定位比较适合竹藤家具企业发展系列化产品和产品升级。对于一些创新能力较强的竹藤家具企业，定位于对新型产品种类的研发设计、生产，通过不断研发新的产品种类使其产品在市场竞争中能脱颖而出。图2-10所示为根据席地茶艺的需求而设计的新型竹藤茶家具。

图 2-8
针对三级市场定位的竹藤家具设计

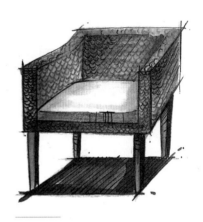

图 2-9
功能性定位突出的竹藤坐具设计

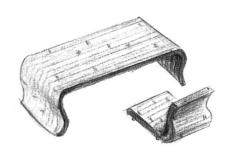

图 2-10
种类性定位的竹藤家具设计

3.品牌性定位

企业通过长期的、高质量的发展，不但建立了特有的竹藤家具产品形象，而且树立了自己的品牌形象。好的品牌也极大地提升了产品的附加值，成了企业获得利润最大化的有效途径，因此，品牌性定位是大多成熟竹藤家具企业的首选。将新的竹藤家具产品导入成熟的品牌，通过品牌传播与整合策略，不仅可构建一个成功的新产品，而且也保持了品牌的扩张性。而且，通过扩张性品牌策略，既保持了竹藤家具新产品差异化策略，也保持了竹藤家具新产品独有的品牌性市场空间。图2-11所示为根据"新中式"品牌传播与整合策略而设计的新中式竹藤家具设计。

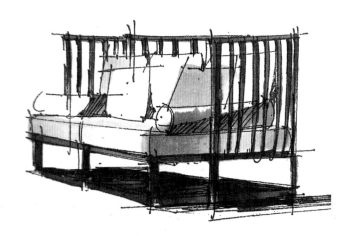

图 2-11
品牌性定位的竹藤家具
设计

四、发散思维与构思设计

设计创意是竹藤家具概念设计的生命线，决定着其概念设计的前进方向。好的创意能成就一件优秀的竹藤家具产品设计，能提高产品的市场竞争力，甚至能拯救濒临倒闭的企业。设计创意的作用是不可估量的，应该加以重视。

以竹藤家具设计小组为单位，将比较合理的竹藤家具设计概念作为设计切入点，进行竹藤家具概念设计创意。竹藤家具设计基本如同其他类型的产品设计，其设计创意的方法也主要是头脑风暴法、类比构想法、逆向思维法、焦点法和仿生学法等。

1.头脑风暴法

头脑风暴法又称为发散式思维法，其基本点是积极思考、互相启发、集思广益。图2-12所示为根据竹藤缠绕的各项性能进行发散思维而获取的竹藤家具概念设计。其原本思想是将一些来自不同领域但思想活跃的人组成竹藤家具设计小组，向他们提出设计的主题，鼓励大家提出无偏见的主意，规定每个人只能补充别人的思想，不许否定或批评对方，努力构成新的思想联合。从头脑风暴法活动中得到的往往是原始信息，这些纷乱的信息需要专业设计人员有效地利用自身的知识进行分析、筛选，进而发展成切实可行的方案。

2.类比构想法

类比构想法是把本质上相似的因素当作提示来进行设计构思的方法，图2-13所示为根据藤编提篮的形式构思的竹藤卧具概念设计。设计师在工作过程当中经常自觉或不自觉地对于相关因素进行联想，利用拟人类比、象征类比、直接类比、空想类比等形式进行构思。在小组讨论时，还可以将设计师各自的构想进行类比形式的再构思。

3.逆向思维法

逆向思维法是日本经营顾问茅野健所创的。这种方法要求设计师在设想过程中努力向相反的方向思考，有时反而会茅塞顿开。通过打乱常规逻辑、推翻传统评价标准，从反面进行设想，以得到意想不到的启发。图2-14所示为从传统坐具形式进行反向思维而构思的竹藤躺椅设计。

4.焦点法

焦点法是美国惠廷等人发明的，是在强制联想法和自由联想法的基础上产生的。图2-15所示为以西番莲纹为出发点构思的竹藤家具概念设计。它以特定的设计问题为焦点，无限进行联想，并强制地把选出的要素相结合，以促进新设想的迸发。

5.仿生学法

仿生学法是从生物学派生出的一门新学科。要求设计创意以生物系统作为启发灵感的基础，根据不同产品功能的使用要求，吸收模拟生物界中的相对优势，将其有机地融入设计

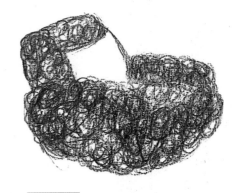

图 2-12
运用头脑风暴法的竹藤家具概念设计

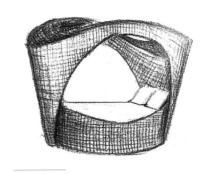

图 2-13
运用类比构想法的竹藤家具设计

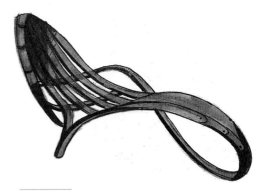

图 2-14
运用逆向思维法的竹藤家具设计

图 2-15
运用焦点法的竹藤家具设计

图 2-16
运用仿生学法的竹藤家具设计

图 2-17
在使用中感知竹藤家具设计

中。图2-16所示为从雀尾、蜘网提炼的结构形式所构思的竹藤家具设计。

五、竹藤家具打样试制

只有将竹藤家具设计方案转换为三维立体的视觉形式，才能更直观、更准确、更详细地传达设计信息，因此，在完成对前期设计的可行性思考之后，必须对设计方案进行三维形式的竹藤家具产品打样。竹藤家具产品打样的目的是为了获得竹藤家具产品设计在最终的实体结果。其结果要尽可能具有真实感，能够体现产品投放市场后的真实效果（外观质量、材料质地、使用功能等）。竹藤家具产品打样可以用于最后的产品直观评价和生产风险的检测，有时也可用于参加各类展示活动和订货洽谈会。通过竹藤家具产品打样，可不断磨合设计的每个环节，进一步完善生产所需的文件资料。

竹藤家具设计产品打样的方法主要有两种：一种是通过传统手工、机械加工制作的实物型打样；另一种是利用计算机三维设计软件进行的数字化打样。

1.竹藤家具设计的实物型打样

竹藤家具设计实物型打样的目的是为了把先前二维图样上的构想转化为可触摸、可感知的三维立体形态，并在制作过程中进一步细化、完善设计方案。竹藤家具设计的实物型打样不仅可以弥补平面图样设计中不能解决的许多空间方面的问题，而且，通过实实在在的三维立体形象，使设计对象更直观、更具体，方便设计师从不同角度去感受产品的各种形态关系，即局部与整体的关系、材料与结构的关系、用户与界面的人机关系等。换而言之，实物型打样更有利于设计师用自己的手指去感知、创造一个更加适度的、人性的、美妙的竹藤家具产品。竹藤家具设计的实物型打样可以实现身临其境般的感受，为其设计升华提供更准确的依据，如图2-17所示。

竹藤家具设计的实物型打样并不是单纯为了再现外观、结构。其实质是一种设计创造的理念、方法和步骤。在进行打样的过程中不断观察、分析、解决二维图样中所不知的各种问题，为竹藤家具产品设计的不断优化提供更为可靠的依据。竹藤家具产品的实物型打样是其新产品开发过程中不可缺少的重要环节。其实物型打样具有以下特点：

（1）说明性　以三维的形体来表现竹藤家具设计意图，用一种实体的语言对设计的内容进行说明，这是实物型打样的基本功能。其样品的说明性主要体现在它能准确、生动地诠释出竹藤家具产品的形态特征、构造性能、人机关系和空间状况等。

（2）启发性　在制作过程中，通过对竹藤家具设计的形态、尺寸和比例等相关因素进行反复推敲，灵活地调整思路，以达到启发新构想的目的。其样品的启发性，主要体现在它能以可触摸、可感知的三维立体形态揭示二维图样的设计局限，并成为设计师不断改进竹藤家具设计方案的有力依据。

（3）可触性　竹藤家具设计的实物型打样结果是可以触摸的实体，能从触觉方面反映出竹藤家具产品的形体特征。以合理的人机工学参数为基础，对样品的可触性进行分析，探求感官的回馈、反应，从而追求更加合理化的设计形态。

（4）表现性　竹藤家具设计的实物型打样以具体的三维实体、准确的尺寸和比例、真实的色彩和材质，从视觉、触觉上充分表现出竹藤家具产品的形态特征，以及竹藤家具与环境的关系。其样品的表现性使人能够真实地感受到竹藤家具产品客观存在的状态。

总之，实物型打样提供了一种实体的设计语言，提供了更精确、更直观的感受。它使设计者与消费者产生共鸣，使整个竹藤家具产品设计迈向现实世界，如图2-18所示。竹藤家具设计的实物型打样使使用者更加贴近设计的结果。

竹藤家具设计中的实物型打样应遵从以下原则：

（1）合理地选择竹藤材料，以提高效率　在进行实物型打样中，根据不同的设计要求来选择相应的竹藤材料是极为重要的。在不影响表现效果的情况下，一般选择易加工、强度性能好、表现效果丰富、成本低的竹藤材料，如打样过程中为了提高打样效率，就用成本低、易加工的塑料条代替藤条等。

（2）合适的模型尺寸　在选择竹藤家具设计的实物型打样的比例时，设计师必须权衡各种要素，选择合

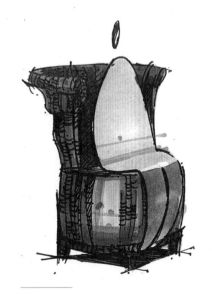

图2-18
竹藤家具实物型打样使设计者与消费者产生共鸣

适的比例。1∶1的原样比例最逼真，但有些场合需要采用放大的比例，用以反映细微和精致之处。而选择较小的比例，可以节省时间和材料，但太小的比例模型会失去许多细节。因此，谨慎地选择一种省时而又能保留竹藤家具设计中重要细节的比例，而且合适的竹藤家具模型尺寸也能反映其整体效果，这是非常重要的。

（3）再现产品情境　竹藤家具设计实物型打样的整个过程都应该以再现其产品情境为目标，都应该根据其产品情境的需要来组织、安排竹藤家具设计模型的空间关系、比例关系、功能关系和结构关系等。再现其产品情境的思想使每个制作环节能有机地联系成一个整体。

总之，虽然上述原则对竹藤家具设计实物型打样的作用不可忽视，但是，竹藤家具设计过程瞬息万变，其实物型打样的方法也应灵活变通，皆以表达设计意图为本。而且，实物型打样是设计师的基本技能之一，通过长期的实践，每位竹藤家具设计师都会掌握一种最适合自己的打样技巧。

2. 竹藤家具设计的数字化打样

由于数字化技术的引入，计算机辅助设计的广泛运用，使得竹藤家具设计的产品打样形式不仅仅停留在传统实物型打样，设计师开始频繁地运用计算机三维设计软件进行竹藤家具设计的数字化打样，如图2-19所示。数字化打样不仅大大提高了设计效率，而且缩短了产品研发周期。更主要的是促使了设计工作方法的改变，设计师可以更加充分地发挥自己的才智与判断力，从更直观的三维立体入手，而不必将精力过多地花费在二维图样上，在计算机以及设计软件的帮助下，将各种奇思妙想的竹藤家具设计概念加以虚拟式的实施与量化，从此远离过去反复的图样绘制、手工模型和性能测试等繁重的重复性劳动，转而让更为智能化的计算机代之完成。常用的计算机三维设计软件有Inventor、Cinema 4D、Rhinoceros、3dmax、Pro/E、UG、CATIA等。

利用计算机三维设计软件所建的竹藤家具设计模型，在导入虚拟现实交互系统之后，可以给人带来"身临其境"的感受。虚拟现实是一项综合技术，它集成了计算机图形学、多媒体、人工智能、多传感器、网络的互联网技术等最新发展成果，为体验和感受虚拟世界提供了有力的支持。虚拟现实技术与纯粹使用计算机三维设计软件的最大区

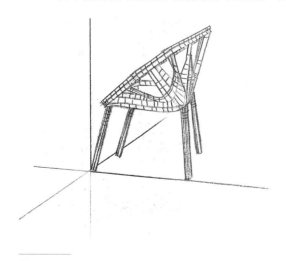

图 2-19
竹藤家具设计的数字化打样

别就是具有"实时性"和"可交互性"，即所创造的虚拟三维世界具有步随景移、观察角度不受限制、可随意启动"交互事件"等特点。Eon Studio虚拟工作区就是一种模拟竹藤家具设计和制作工作台工作环境的虚拟现实系统，该系统采用半沉浸式方案，通过两块背投幕的拼接使得虚拟场景里面的物体浮现在虚拟工作台上，让使用者可以像在真正的工作台上工作一样操作面前的虚拟产品，达到进一步完善竹藤家具造型、构造和装配等方面设计的目的。

六、设计评审

设计评审是竹藤家具设计的重要环节，贯穿于设计的各个阶段，对设计的良性发展尤其重要。前面所提到的竹藤家具设计小组讨论、评价，就属于局部范围内的设计评审。以小组为单位，将早期所做的竹藤家具概念设计文件制作成PPT，进行设计方案的答辩。由相关专家组成设计评审团，根据各组的PPT文件和答辩效果，以较优化的评价体系对其进行整体性的设计评审。通过设计评审，对产品设计做出综合性评判，同时根据评判结果更新、整合竹藤家具概念设计。

1.以竹藤家具设计小组为单位制作答辩的PPT文件

将竹藤家具设计项目的早期概念设计制作成PPT文件，再通过多媒体技术进行表述，使整个设计程序、设计内容更直观、形象、生动地展示出来，大大提高了设计概念传达的成效。由此可见，在完善概念设计的同时，还应该重视答辩PPT文件的制作以及设计文件的包装。所制作的PPT文件，其内容要反映出小组的设计背景以及每件竹藤家具概念设计的发展过程和情境设计的具体内容等，而且，PPT的展示效果也要符合设计主题和设计小组的整体形象。甚至还可以对PPT进行各种主题性、系统性的视觉化设计，从而赋予其更多的设计文化意义。

2.以较优化的评价体系进行竹藤家具设计评审

传统的竹藤家具设计方法追求最优化目标，它要求在研究解决问题时，统筹兼顾，多中择优，采用时间、空间、程序、主体、客体等方面的峰值，运用线性规则达到整体优化的目的。但是，当前数字化技术条件下的工业设计在实践中发现，由于制约因素的多样性和动态性，在选择与评价设计结果时，无法确定最优化的标准。竹藤家具设计过程中任何方案结论的演化过程都是相对短暂的，而且因材料的制约都不是走向全局"最优"状态的，因此，竹藤家具设计进化过程不存在终极目标，面对客观环境的适应性而言也总是局部的、暂时的。这就为当前竹藤家具设计的评价目标提出了相对和暂时的原则，把这种"合理的生存方式"界定在有限的范围内，这种"合理"与"适应"也就是"较优化"评价体系的关键词，以不断推进竹藤家具设计合理化为目标。这种设计观丰富和发展了传统的系统科学方法中的优化原则，为竹藤家具设计实践确立了科学的评价体系与标准。

竹藤家具设计的评审团应该由擅长外观设计、工程技术、设计心理、市场分析以及视觉传达等方向的专业人士组成，甚至包括竹藤家具方面的资深手工艺人。每个评审团成员根据自己擅长的方向对每个竹藤家具概念设计做出一个综合性的评判，并为竹藤家具设计走向"较优化"提出一系列修改建议。

竹藤家具设计评审应该是动态地存在于设计的各个阶段，贯穿于设计的全过程，这也是现代企业所追求的"过程改良"的关键环节。只有通过严格评审并达到各方面的要求，才能降低批量生产成本投入的风险，让竹藤家具企业真正通过设计的利器获得效益。竹藤家具设计的评审标准一般包括以下内容：优良的实用性、适应性、安全性以及使用寿命，符合人机工程学要求，技术和形式的创新性、合理性，环境的协调性好，符合可持续发展的要求等。

3.通过设计评审促使竹藤家具设计方案不断发展

通过设计评审使不同的人、不同的视角、不同的要求得到汇总，以定量和定性化分析对竹藤家具设计方案产生影响，其本质是设计付诸生产实施之前的"实验"，其目的是尽量降低生产投入的风险。

经过设计评审，早期的竹藤家具设计方案分别面临着两种结局：一种是根据评审团建议进行不同程度的修改，使设计方案更加成熟、合理；另一种是因问题严重而被评审团终止继续设计，或者被整合到其他已通过的方案中。由于评判结果的大相径庭，会使每个竹藤家具设计小组内的设计进度出现不协调的情况，因此，应该根据设计进度的关系适度调整分组。如在第一次评审后，为了避免小组内设计进度不协调，可以根据进度关系适度调整分组。经过再次分组后，小组中会加入一些新成员，甚至是整个小组都由新成员组成。新的组合关系，必然会引发新的思想碰撞。再次分组后的小组讨论为竹藤家具设计概念的进一步发展注入了许多新的理念，并可促进设计创新能力的提高。这样将各组的资源进行重新配置，更有利于竹藤家具设计概念的更新、整合。

对于早期竹藤家具设计方案已经获得肯定的小组，应该在原有的基础上进行第二次创意，使设计方案不断更新、不断优化。虽然有些竹藤家具设计方案在第一次设计评审中被认可，但是这并不代表其已经达到所谓的"最优状态"，而设计的"最优状态"也就意味着该设计"生命"的终结。因此，为了让设计的"生命"得以延续，就应该使设计不断实现较优化，就应该在原有设计方案的基础上进行第二次创意。再次创意的动力主要来自于评审团所提出的修改意见，通过对不同意见进行归类、总结，寻找新的设计切入点，使竹藤家具设计的成果向着良性的轨迹发展。

　　对于其设计方案被否定的小组，应该在突破原有概念束缚的基础上对原有设计进行整合，通过再次创意使其获得"重生"。设计方案被否定，并不代表该设计毫无可取之处。应该在总结失败教训之时，注重对所有可取之处进行分类整理。而且，还应该突破原有概念束缚，再次从设计原点思考，大胆引入新的思想、新的理念。将各种有利因素进行整合，从新的角度进行再次创意，使竹藤家具设计方案获得"重生"。

　　在所有的二次设计中，应该注重从材料、结构、工艺和包装等角度思考竹藤家具设计方案的可行性，这是走向成熟产品所迈出的第一步。同时，可以运用一些实验来辅助思考，如通过绘制1∶1的大样进行真实比例的推敲，利用计算机3D建模的手段进行虚拟形式的分析等，如图2-20所示。

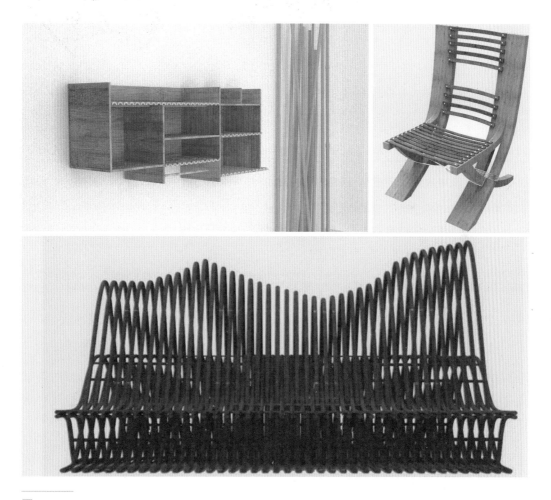

图 2-20

利用计算机 3D 建模的手段进行竹藤家具虚拟形式的分析

在竹藤家具设计优化过程中（图2-21），根据设计评审结果调整分组之后，将对早期的竹藤家具设计方案进行更新或者整合，并开展第二次设计创意。任何竹藤家具设计方案的结论都不是终极评价，其影响力都是相对短暂的。竹藤家具设计方案也在这种演化过程中不断改良、不断突破。经过第二次创意后，将所有设计方案和与之相关的情境设计再次以组为单位编辑成PPT文件，进行第二次整体性的设计评审，评审团根据设计的可行性对设计方案做出新的评判。二次评审后，根据其设计方案的类型再次调整分组，准备进入方案的技术设计阶段。

图 2-21

竹藤家具设计的优化过程

在侧重可行性的基础上要对后期的竹藤家具设计方案做出建设性的评判。第二次设计方案的内容，不但表现在设计形态上的焕然一新，而且也更加注重对细节的表达。与第一次整体性的设计评审相比，评审团应该根据设计的可行性对竹藤家具设计方案做出更具建设性的评判，并为竹藤家具设计方案提出有利于其产品技术设计的修改意见。

大多数竹藤家具设计方案在可行性方面会存在以下问题：

1）功能尺寸、环境尺度的不合理。

2）过分强调外观形态，而忽略了基本的结构关系。

3）脱离了现实的生产技术水平。

4）稳定性、稳固性以及受力关系缺少理性分析等。

设计评审可能针对以上常见问题提出竹藤家具设计修改建议。在第二次评审中，评审团根据设计的可行性发展提出富有建设性的修改意见，这也将成为下一步竹藤家具设计量化的重要依据。评审团所提的修改意见必须完整、详细，设计师也应该将修改意见理解透彻。

同类的竹藤家具概念设计会在材料、结构和工艺等方面具备很大程度的共同性。因此，在完成第二次设计评审后，根据其设计方案的类型再次调整分组，为不同的设计者进行交流创造条件，大力提高下一阶段小组讨论的成效。

在第二次评审以及再次调整分组以后，整个过程由竹藤家具概念设计阶段进入具体的完善阶段，即各项指标量化的产品设计阶段。方案的进一步深化应该以评审的修改意见为重要依据，以及从材料、结构和工艺等技术角度进行更为深入的思考，相应开始进行各项指标量化的产品设计。

第二节　竹藤家具概念设计

一、意义与目的

竹藤家具概念设计是一种设计探索，旨在根据竹藤特有的材料属性、工艺属性、形态属性和文化属性进行有目的、有计划、成系统的产品设计探索。竹藤家具概念设计常常从某一设计理念、主题出发，并围绕其展开不可计量的构思、创意，"论述"出发点中所包含的各种关系，即设计理念、主题的内涵、系统因素等。与其他产品设计一样，竹藤家具概念设计也是设计思想与企业战略的物化。

竹藤家具概念设计是一种技术探索，不但要从竹藤家具特有的材料特点、结构特点、工艺特点出发，探索其技术中的新意，而且还要发现、解决新产品开发中出现的主要技术问题。从技术角度出发进行竹藤家具概念设计与创意，并制作出概念产品，类似于应用技术研究中的"小试"，如图2-22所示。一项应用技术成果的生产力转化需要经过"小试"—"中试"—"生产性实验"的过程，其中"小试"一般在实验室完成，主要目的是检验技术思想的正确与否、现实生产的主要技术路线、生产力转化的基本可能性等问题；"中试"可能在实验室也可能在小型生产现场完成，主要解决生产工艺问题和取得相关生产工艺的技术参数；"生产性实验"的目的是验证生产技术，并摸索成熟的生产工艺。竹藤家具的概念产品是其最终产品的雏形，提出将概念产品转化为商品的技术思路，为今后产品生产技术的研究做必要的技术准备。

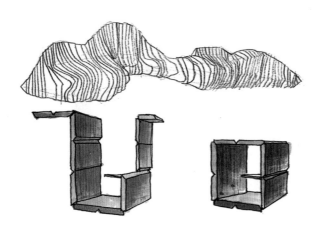

图 2-22
竹集成材家具产品概念设计

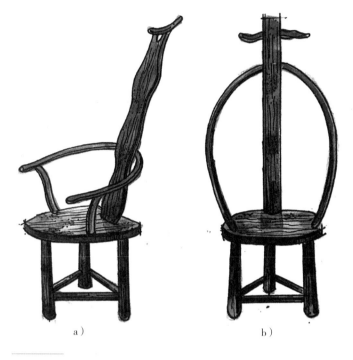

竹藤家具概念设计是一种市场探索，检验竹藤家具企业将要开发的产品的市场前景，为即将到来的产品研发探求方向。竹藤家具企业通过各种市场媒体（如展览会、新闻发布会、网络、图书、杂志等）推出所设计的竹藤家具概念产品，从而便可得到市场对于其概念产品的看法，即各种反馈信息，如用户的审美反应、价格期望值、改进意见等，为企业日后的产品研发积累丰富的设计思路与素材。这种形式最先在汽车工业领域被采用，现在已逐渐推广到家电产品、轻工产品和家具等领域。在竹藤家具行业，有许多企业利用展览会的

图 2-23
根据市场反馈意见调整前后的竹集成材家具产品概念设计效果图

机会推出概念产品，在充分征求经销商和消费者的意见后对原有设计方案进行再次调整，为日后的大规模推出新产品规避大量风险。图2-23a所示为某企业的竹集成材家具产品概念设计效果图，图2-23b所示为征求市场意见后调整后的竹集成材家具产品概念设计效果图。

竹藤家具概念设计是早期设计的一种形式，其设计所面临的问题主要体现在宏观层面与全局层面，设计内容不一定深化到具体的技术细节。竹藤家具概念设计主要涉及竹藤家具的功能定位、形态创新、材料与结构创新，以及产品的市场价格定位等设计、成本、市场的因素。竹藤家具概念设计是对后期产品大方向的一种"说明"，对所针对的宏观层面与全局层面以"提出问题"到"解决问题"的形式来进行，局部和细节的问题留待今后的开发工作去解决。

竹藤家具概念设计是一种学术活动。关于设计的学术交流可能以多种形式出现，其中对设计理论的理解和论述、针对设计作品的交流与批评是主要的形式之一。以竹藤家具概念设计作品为题材进行学术交流，当自己的设计思想一旦确定后，就可以以最快的速度表达其思想，而不一定等到作品最终完成。以竹藤家具概念设计为题材进行学术交流的同时还避免了有关作品知识产权、商业机密的纠纷。

竹藤家具概念设计是一种产品营销的手段。在当前条件下，一种产品、一个品牌在市场上很难"一炮打响"，通过竹藤家具概念产品"吊口味"的方式对将要推出的新产品进行"造势"，经过这一段"酝酿"过程，为即将到来的新产品的畅销提供更多可能。与用大量的正式产品做市场试销、广告推广相比，这种宣传形式的代价低得多。

二、设计方法

1.竹藤家具概念设计以传达和表现设计师的设计思想为主

生活在纷繁社会里的人对世界有自己的看法，于是用各种方式来发表自己的见解。设计师的社会责任感和职业感驱使他们用设计的方式来表现自己的思想。历史上闻名的《包豪斯宣言》是包豪斯学校对社会、对设计的见解，在这种思想的带动下，出现了现代设计风格。可以认为它是所有现代设计的概念。所有具体的设计形式此刻在设计师的心目中已变得模糊，剩下的只有思想、意念、欲望、冲动等感性的和抽象的思维，甚至有人认为"设计是表达一种精粹信念的活动"，因此，竹藤家具概念设计常常无明确的设计形式。但不能由此就认定竹藤家具概念设计是人的一种不可控的随意行为，社会环境与消费者是设计产生、存在的土壤，设计师的分析、判断能力以及他所具有的创造性的视野、灵感与思想就是竹藤家具概念设计的种子。虽然竹藤家具概念设计是以体现思想、理念、观念为前提的设计活动，但是它更是针对竹藤家具的物质条件以及消费者对竹藤家具的理解所提出的一种设计方式与理念。图2-24所示为"无为"思想在原生态竹藤家具概念设计中的体现。竹藤家具概念设计所要建立的是一种自然与社会及社会大众生活习惯、生存方式和谐的发展关系，是对竹藤家具中传统的、固有的某种习以为常却不尽合理的方式与方法的重新解释与探讨，整个过程关注的重心是社会及社会的人，而不是"不食人间烟火"的自然竹藤。因此，竹藤家具概念设计也可以被认为是人本主义在设计领域的一种诠释。

图 2-24

"无为"思想在原生态竹藤家具概念设计中的体现

2.竹藤家具概念设计以设计语义符号来表现形态

人们通常要借助"载体"来表达思想，诗人要么用富于哲理的、要么用充满激情的辞藻来抒发内心的情感，设计师选择的是他们所擅长的设计语言，因为在竹藤家具概念设计中这些形式语言更能将设计师的思想表达得淋漓尽致，如图2-25所示。这种"物化"的"语言"即设计语义符号虽然不是大众所常见、熟知的自然形态，但其抽象的、精炼的形式却极有可能使人们有种"似曾相识"的灵魂触动。

图 2-25
设计语义符号影响下的竹家具概念设计

3.竹藤家具概念设计重视感性和强调设计的个性

竹藤家具概念设计体现了设计师心中对竹藤的内在潜意识，深层次地从人自身的角度出发感受竹藤、认识竹藤、诠释竹藤，从而实现以物抒情，整体注重人的感性。竹藤家具概念设计的动机和表现形式具有极强的个人色彩以及形态的不确定性和多样性，从哲学层面理解其概念设计的基本表现特征就可发现，其概念设计注重感性以及强调设计的个性。

竹藤家具概念设计所针对的问题与理念具有明显的不确定性，常带有某种假设、假定、推敲、探讨性质的态度与行为，再加之设计师在个人的成长过程中存在着个体上的生活经历、综合素质、文化背景等复杂的变量，体现在其概念设计上的差异也就具有不确定性和多样性，因此，竹藤家具概念设计的影响力也是因人而异的。在竹藤家具概念设计中强调感性与个性，忧患意识与生存危机，重视自身存在的意义、自我的空间、自我思想的体现等，这一切都在呼唤、强调个体的存在价值。尤其在物质极大丰富的今天，人们在欢悦选择空间广阔的同时，体现自身与自我生存的个性化的竹藤家具产品更是难得。

三、设计表现形式

在竹藤家具概念设计阶段，常见的表达方式主要有研讨性模型和概念草图。

1.研讨性模型

研讨性模型又称为粗胚模型或草模型，如图2-26所示。这类模型是设计者在竹藤家具概念设计阶段根据设计构思对竹藤家具各部分的形态、尺度和比例进行的初步立体表现。从而使之作为竹藤家具设计方案研讨的实物参照，为进一步深化其设计奠定基础。研讨性模型主要采用概括的、简练的手法来表现竹藤家具的大体形态特征，以及竹藤家具与人和环境的关系等。研讨性模型强调表现竹藤家具造型设计的整体概念，可以作为反映其设计概念中各种关系变化的参考。竹藤家具概念设计的研讨性模型注重大概的尺度和比例与大致的整体形态，不太在意细部装饰和详细的色彩计划，主要为了设计构思的展开，而且常做出多个方案模型，以便于相互比较和评估。

图 2-26
研讨性模型

2.概念草图

概念草图是设计者在竹藤家具概念设计阶段，根据设计的构思，对竹藤家具的形态、尺寸和比例进行初步表现的一种图画表现形式。由于概念草图是最快捷的表现设计思想的方法，常被作为竹藤家具设计方案研讨的参照，以及设计者进行设计思想深化与再创造的依据。竹藤家具概念设计的概念草图所表现的内容主要包括以下两个方面：第一，是表现竹藤家具的结构、功能、色彩和材料等因素所构成的竹藤家具整体形态，如图2-27所示；第二，是表现竹藤家具的局部装饰、连接方式等竹藤家具的局部形态，如图2-28所示。通过一系列的竹藤家具概念设计创意与概念草图表现，得到各种具有灵感启迪作用的初步设计方案。将一些纷乱的信息经过分析、筛选，进而转化成这种直观的概念草图。概念草图是竹藤家具设计思想的流露，而非纯感性的艺术创作。在竹藤家具概念设计阶段，强调在规定时间内完成一定数量的概念草图，这样更加有利于设计思想的潮涌。

图 2-27
表现竹藤家具整体形态的概念草图

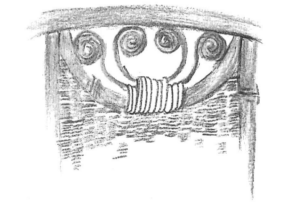

图 2-28
表现竹藤家具局部形态的概念草图

  针对具体的设计项目，仅仅凭借设计者自己的直觉、经验是难以判断设计优劣的。因此，设计者在竹藤家具概念设计阶段要多与其他人进行设计交流，并通过竹藤家具设计小组内频繁的设计讨论使其设计作品更趋完善。在小组讨论中，应该对作品所涉及的外观、结构和市场等因素做出理性的评价。对于具有建设性的竹藤家具概念设计应进行其情境设计，使竹藤家具概念设计得到全方位的考虑。

第三节 竹藤家具产品设计

一、以概念为基础

首先必须声明两点：一是任何一件竹藤家具产品的设计总不能永远停留在概念设计的状态，否则便缺少了设计本身应具有的现实意义；二是概念设计与产品设计作为竹藤家具设计过程中的两个不同阶段，或者作为表现一种产品的两种不同形式，它们之间虽然是一种逻辑上的平等关系，但是它们之间只有相互转化和相互促进才能获得竹藤家具设计不断良性发展的动力，甚至可以说，竹藤家具概念设计为竹藤家具产品设计在"茫茫大海之中树立了一座灯塔"。

1.竹藤家具概念设计向现实的竹藤家具产品设计转化的条件

技术是联系竹藤家具概念设计与竹藤家具产品设计之间的纽带。在竹藤家具概念设计向竹藤家具产品设计过渡和转化的过程中，技术起着关键性的作用。竹藤家具的传统技艺与先进技术不但使竹藤家具概念设计成功转化成竹藤家具产品设计，而且技术又不断地启发了人们对未来设计的更高愿望，各种技术还是现实竹藤家具产品设计向未来竹藤家具概念设计跨越的重要依托，可能促成新一轮竹藤家具概念设计的产生，如图2-29所示。

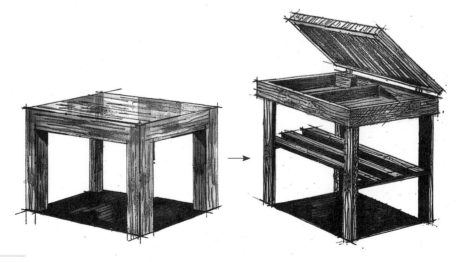

图 2-29
新一轮的概念设计

图 2-30
基于用户现实生活的竹藤家具
概念设计

思想是贯穿竹藤家具概念设计与竹藤家具产品设计的主线。如果要在竹藤家具概念设计与竹藤家具产品设计之间找到某种必然联系，"思想"便是其中最基本的主线。设计思想贯穿着整个设计环节，其不但指导着早期竹藤家具概念设计，而且还指导后期的竹藤家具产品设计，甚至影响着未来新概念设计的产生。

市场是推动竹藤家具概念设计向竹藤家具产品设计转化的重要推手。一种只有少数人甚至只有设计者本人才接受的观点及其所产生的设计，大多会因缺乏市场认同度而在中途夭折。只有尊重市场需求才能造就具有市场潜力的竹藤家具概念设计，才能将概念转化成受市场欢迎的竹藤家具产品。市场是一双无形的推手，影响着竹藤家具设计的一举一动。

竹藤家具概念设计向竹藤家具产品设计转化实际上是竹藤家具设计工业化、实用化和商业化的过程。无论在造型特征上还是表现张力上，竹藤家具概念设计与竹藤家具产品设计都存在着区别，导致这种区别最根本的原因在于竹藤家具产品设计为了适应市场需要，将一种概念转化成了一种具体的功能，将一种纯感觉印象转化成了一种商业动机，将一种看似高贵的情感转化成了百姓触手可及的日用元素。如图2-30所示，一个抽象的竹藤家具概念设计是消费者无论如何也"消受"不起的，只有与现实生活"接轨"的设计才是消费者心目中的所需。

2. 现有的竹藤家具产品设计为未来的竹藤家具概念设计提供着进化的依据

与人类探索自然是一个无限的过程一样，设计也是永无止境的。一种竹藤家具概念设计在一定的社会条件下产生，并在各项条件成熟的前提下得以转化成为现实的竹藤家具产品设计，然而，这一过程不等于就此了结，在现有竹藤家具产品与需求产生矛盾的情况下人们会再次产生新的思想、愿望、意念和冲动，从而导致新一轮概念设计的开启。如同其他工业产品设计类型一样，竹藤家具概念设计与竹藤家具产品设计就是这样周而复始、循环往复、螺旋式上升，不断将竹藤家具设计推向一个又一个新的高潮，如图2-31所示。

总之，感性和理性的融合是一个设计师应具备的知识结构。竹藤家具概念设计、竹藤家具产品设计作为竹藤家具设计的两种不同的表现方式，在竹藤家具设计中的地位和作用无所谓孰轻孰重，更不可以将其截然分开，它们作为设计浪潮中两股汹涌的脉流，在社会赋予的广阔的河床上时而分道扬镳，时而交汇合流，不断为设计师创造更加美妙的空间，也不断为社会物质文明和精神文明带来灿烂的辉煌。

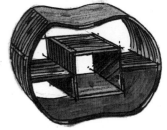

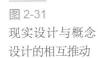

图 2-31
现实设计与概念
设计的相互推动

二、艺术与技术的设计

当代竹藤家具表现出了一个越来越明显的特点，它既可以表现为相当前卫和抽象的艺术形式，又可以被认定为是科学技术成功造就的杰作，它是艺术与技术相互融合的载体，如图2-32所示。由此可见，竹藤家具产品设计是艺术与技术之间的"游戏"，竹藤家具中传统的技艺成就了竹藤家具独特的艺术形式，天马行空般的竹藤家具艺术又激发

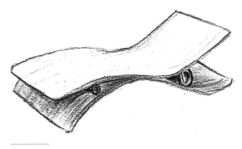

图 2-32
基于竹集成材胶合弯曲技术的家具美

着新技术的产生。材料是结构、成形的基础，没有材料就不会产生与之相应的工艺，因此，竹藤材料就是竹藤家具技艺升华的灵魂。竹藤家具技艺是竹藤实现人的理想、创意的重要途径，如果没有成熟、精湛的技艺就不会有竹藤家具独特的造型，也就不可能有竹藤家具造型艺术的存在。不同的材料、结构和工艺可以赋予竹藤家具不同的艺术审美效果，如图2-33所示。

图 2-33
基于不同材料的竹藤家具不同艺术审美效果

从设计的意义上说，竹藤家具产品是一种融艺术、技术于一体的综合体，竹藤家具产品设计只有能将其设计思想通过技术支撑转化为现实时其艺术形式才具有意义。竹藤家具产品设计的目的是要保证设计出来的竹藤家具好看、好用，能够被生产出来并能得到大多数人的认可。如果说竹藤家具造型设计是解决竹藤家具既好看又好用的问题，那么，竹藤家具技术设计就是解决被设计的竹藤家具能够生产得出来的问题。

竹藤家具技术设计是解决关于竹藤家具生产制造活动中与技术有关的问题的设计。其主要内容包括材料的选择、结构设计、强度与稳定性校核、生产工艺技术的计划等。竹藤家具技术设计是竹藤家具设计工作的重要组成部分。竹藤家具设计计划往往包括造型计划和技术计划两个主要部分，两者相互影响。在造型计划过程就必须考虑技术计划实现的可能性，当技术计划的实现遇到问题时，可能要随时修改造型计划。

竹藤家具技术设计和造型设计一样，同样可以成为竹藤家具产品设计的立足点。为了反映一种思想，表现一种设计风格和流派，人们更多地是从形态设计入手，塑造出具有感染力的竹藤家具产品形态，这是大多数竹藤家具设计师常见的思维模式。实际上，对于竹藤家具技术的构想同样可以成为竹藤家具产品设计的创意出发点。对一种材料的青睐、对一种结构形式的联想、对一种技术的运用，同样可以成为竹藤家具产品设计的立足点与创作源。

三、设计表现形式

根据前期较优的竹藤家具产品设计完善其情境设计，使竹藤家具产品的组合关系、使用状况以及环境状态等情况都能得到综合考虑，并使产品造型得到进一步完善。对于竹藤家具产品的情境设计，应该选择合适的形式进行表达，使竹藤家具产品在使用过程中各种状态都能得到全方位的视觉表达。

1. 根据前期竹藤家具产品设计完善其情境设计

经过多次竹藤家具设计小组讨论和设计修改之后，筛选出比较优秀的竹藤家具产品设计，并进行该产品的情境设计。竹藤家具产品的情境设计是以用户为中心的一种设计手法，通过将角色、情境、产品和环境置于虚构的故事当中，引导设计师进入产品使用时的情境，以观察、推导等手段得出角色活动的需求和条件。设计师可以设身处地地考虑多种交互的层次，为判断产品能否进一步开发生产提供更好的依据。

竹藤家具产品情境设计的关键是情境设定和情境表现。设计师不能凭空进行情境设定，其前提必须有足够的资讯，如产品使用、用户情况、环境因素等信息的深入了解。情境设定的内容主要是产品、用户、环境以及活动等，通过虚构的故事情节将所设定的内容进行清晰的情境再现，为设计评审提供更加有效的依据。情境表现的手法很多，最为常见、普通的是以文字和图片相结合的形式进行情境叙述、场景模拟。情境表现的效果要通俗易懂，避免含糊不清，要注重对设计主题、使用者的特性、使用情境、使用场景、文化特征等众多情况的表现。选择合适的方式表达竹藤家具产品的情境设计，既要保证所表达效果的直观性、准确性和完整性，又要注重表达方式的经济性和便捷性。

2. 以合适的方式表达竹藤家具产品的情境设计

效果图的方式比较适合表达竹藤家具产品的情境设计，它也是设计者与他人进行沟通、交流的最佳形式之一，它的直观程度超过了图画表现的其他形式。根据表现技法的不同，常用于表达产品情境设计的效果图有水彩效果图、水粉效果图、马克笔效果图、彩铅效果图、计算机效果图和综合技法效果图等。基于快捷性、便利性的需求，可以利用综合技法表现竹藤家具产品的情境设计，如图2-34所示。

图2-34
以合适的方式表达竹藤家具产品的情境设计

第四节　竹藤家具展示设计

一、展示目的

竹藤家具产品展示是竹藤家具产品走向市场成为商品的重要环节，而且，不同竹藤家具产品的展示方式也各不相同，如何选择展示的方式基本取决于所展示产品的自身因素，如针对新中式风格的竹藤茶艺家具，就应该设置情境与其产品风格相呼应的展示设计。与其他产品展示不同的是竹藤家具展示通常以模拟生活环境的形式展示竹藤家具产品，整体更加注重对原生态、亲和力等竹藤天然属性的偏爱。竹藤家具展示的目的是让用户提前感知、体验竹藤家具产品的使用特性与空间属性，从而激发用户的购买欲。

竹藤家具的产品类型、风格样式、规格尺寸、市场定位以及所蕴涵的生活态度，都是影响其展示形式的主观因素。例如，欧式古典风格的竹藤家具产品则以模拟欧式传统室内环境的形式进行展示，从大的界面造型到小的陈设、配饰，都以欧式古典风格为主，使展示环境与被展示的产品协调统一，竹藤家具产品的形象特征也因此而更加鲜明，如图2-35所示。场地的形状大小、空间分布、硬件设施以及所处的周边环

图 2-35
欧式古典风格的竹藤家具展示设计

境，是影响竹藤家具展示形式的客观因素。多数展示场地为公共性的商场与展馆，其建筑形式、空间状况都不是为某个竹藤家具产品展示而特意安排的，因此，要想营造一个有利的展示环境，就必须根据已有的客观因素进行针对性的再设计，使竹藤家具产品得到更适合自己的展示环境。处理好上述的主观因素与客观因素是竹藤家具产品展示设计的工作重点，而具体行动则落实到竹藤家具展示设施与材料方面。

二、展示类型

根据所模拟的使用场所划分，竹藤家具展示可分为家居类竹藤家具展示、办公类竹藤家具展示、公共类竹藤家具展示等，如图2-36所示。

图 2-36
模拟使用场所的竹藤家具展示设计

根据产品的设计风格划分，竹藤家具展示可分为中式古典风格竹藤家具展示、欧式古典风格竹藤家具展示、田园风格竹藤家具展示、现代简约风格竹藤家具展示、东南亚风格竹藤家具展示等，如图2-37所示。

根据产品的材料形态划分，竹藤家具展示可分为原竹藤家具展示、竹集成材家具展示、竹重组材家具展示、竹材弯曲胶合家具展示等，如图2-38所示。

图 2-37

不同风格的竹藤家具展示设计

图 2-38

不同材料形态的竹藤家具展示设计

三、展示设计内容

竹藤家具展示的各项设施是联系竹藤家具产品与展示场地的中介，其完备程度不但关系到展示行为的有序开展，而且直接影响竹藤家具展示的最终效果。竹藤家具展示设施的风格样式、装饰形态以及符号所传达的基本理念，都是对竹藤家具产品的综合反映。而竹藤家具展示设施的比例尺度、结构形式以及各组成部分的连接方式，更多地是与展示场地客观条件磨合的结果。根据所处的状态以及所发挥的作用进行分析，竹藤家具展示设施与其他家具的展示设施基本相同，主要可以分为入口、界面、交通和宣传等四个部分。

1.入口

入口是进入展示场地的过渡空间，发挥着连接空间和疏导人流的作用，而且，是整个竹藤家具展厅的第一印象，具有传达产品信息、品牌形象的功能。竹藤家具展厅的入口大多为开放或半开放的形式，宽度也常被设置在1800～4000mm范围内，而且，在造型与装饰方面，应保持与竹藤家具产品以及品牌形象的统一性。竹藤家具展厅入口的设计内容可由体现竹藤家具特色的门头、招牌和橱窗等三方面组成。

无论是所占的面积比重还是所处的位置状况，门头无疑是入口设计中造型的重点。与其他家具展厅相比，竹藤家具展厅的门头大多表现为虚实结合状态，而且，常将竹藤家具产品的一些重要理念以更为直观的形式运用于门头的形态设计中。尤其是将某些竹藤建筑元素作为传达竹藤家具产品理念的载体，直接运用到门头的具体设计中，使门头能成为与竹藤家具产品统一的环境要素。例如，一些展示中式竹藤家具产品的展厅门头，常被混入许多民俗建筑中的经典竹藤元素，在增强整个展示环境统一性的基础上使竹藤家具产品的重要符号特征能更快捷地进行传达，而且，更能突出竹藤家具产品的整体形态以及品牌的整体形象，如图2-39所示。

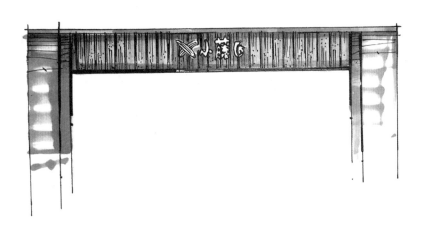

图 2-39
符合田园风格竹藤家具产品整体形象的门头设计

招牌主要由文字和图形组成，它是入口设计中最醒目、最易知的部分。竹藤家具展厅的招牌大多比较含蓄且注重与竹藤本色的协调，常处在门头的上方以及入口的视觉中心位置，而且，招牌又是产品品牌形象、企业形象的综合反映，其所表达的内容具有不同于其他品牌的鲜明的个性特征，即招牌应具有高度的识别功能。每个竹藤家具企业为了突出自我存在而日益重视招牌的形式，招牌形式也因此而变得丰富多样。虽然每个招牌的形式是根据其特定的内容进行设计的，但是，竹藤的天然属性却是大多招聘不变的主题，招牌的内容也主要围绕标志和品牌名两部分进行设计。竹藤家具产品标志是反映竹藤家具产品风格且易识别的图形符号，品牌名则是体现竹藤家具产品内涵且易理解的文字符号，理想的标志和品牌名更有利于产品信息的传播与推广。因此，竹藤家具企业的每个系列产品都有着专为自己设置的标志和品牌名，如图2-40所示。

图 2-40

不同竹藤家具产品的标志与品牌名

　　橱窗是最先展示竹藤家具产品的设施，常设置在入口的两侧或一侧。竹藤家具展厅的橱窗大多表现为虚实结合的状态，常采用竹藤与透明材料进行围合，使所展示的竹藤家具产品与设计主题更为突出。而且，橱窗内的展示更注重形式，大多会营造一个完全以产品为核心的戏剧化的展示空间，如图2-41所示。橱窗内所展示的竹藤家具产品大致可以分为两种：一种是产品系列中的最经典竹藤家具产品及产品组合，另一种是正在热卖、促销的竹藤家具产品及产品组合，这样更有利于吸引不同层次消费群体的视线。

　　2.界面

　　界面是组成展示空间的重要设施，发挥着围合空间、分隔空间的作用。而且，是所有被展示的竹藤家具产品的背景，具有烘托竹藤家具产品、营造环境氛围的作用。通过对界面的正确处理，使原始的展示场地成为符合竹藤家具产品整体定位的展示环

图 2-41
展示竹藤家具产品的橱窗设计

境，做到既要完善空间的不足，又要彰显竹藤家具产品的自然魅力。然而，界面的处理要适可而止，不要喧宾夺主抢了竹藤家具产品的风头，更不能与竹藤的天然属性形成对立之势。在常规的空间状态中，竹藤家具展厅的界面设计主要涉及墙面、地面、顶面以及隔断、屏风等内容，一般选择竹藤或者类似竹藤天然属性的材料进行装饰处理。

　　墙面是界面中最具展示效果的设施，合理的墙面设计能使竹藤家具产品的整体形象更为突出，以及展厅的整体氛围更切主题。由于墙面处在观者视域的主体位置，其构成形式备受关注，因此，常被赋予一些天然属性鲜明的造型元素，以突出竹藤家具产品的整体形象，如图2-42所示。而且，墙面也是主要的装饰界面，各种天然属性突出的装饰元素被艺术化地设置在墙面，以丰富其层次感，如图2-43所示。此外，还可以通过墙面设计来组织空间，一是根据展示需求合理地组织墙与墙的关系，以实现对空间的围合与分隔，二是将墙面作为地面与顶面的过渡面，以协调整个空间的视觉效果。

图 2-42

突出竹藤家具产品主题的墙面设计

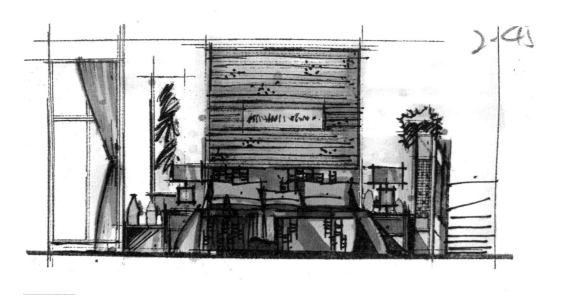

图 2-43

装饰独特的竹藤家具展示的墙面设计

地面是界面中主要的受力面，几乎承接着所有展品的重力。加之，竹藤家具展厅属于商业场所，人流量比较大，因此，对地面的抗压、耐磨能力都有较高要求。如果要模拟居家环境，则常采用文化砖、复合木地板、毛料地毯等抗压、耐磨且具有居家特征的材质来处理其地面。如果是模拟办公场所，则常采用玻化砖、塑胶地板、化纤地毯等材质来处理其地面。同时，还可以通过地面材质的对比，对空间进行象征性的分隔，如图2-44所示。此外，还可以在地面设置地台，以区分空间，突出竹藤家具产品。但是，为了实现无障碍设计，以保证展示活动的有序进行，尽量避免地台的不利影响。

图 2-44
对空间进行象征性分隔的竹藤家具展示的地面设计

顶面是界面中的覆盖面，具有限定空间、辅助照明的作用。展示场地的原始天花错综复杂，各种形式的承重梁以及空调、消防等硬件设施大多被设置在天花顶部，这些都会对展示效果产生负面影响，因此，必须进行系统的顶面设计，以弥补原始天花的不足。处理顶面的方法有两种：一种是通过吊顶将原始天花遮挡于其中，以实现顶面的协调统一，同时，吊顶还能针对所展示的竹藤家具调节展厅的层高，从而达到调节空间比例、营造宜人尺度的作用，特殊形状的吊顶还能象征性地限定、分隔空间；另一种是通过对整个原始天花进行单色涂饰，使其所有杂乱构件都统一在这个颜色中，从而弱化其不利影响，如图2-45所示。此外，顶面还具有辅助照明的功能，顶面常被设置成白色或者浅色，从而实现反射光线、补充照明的目的。

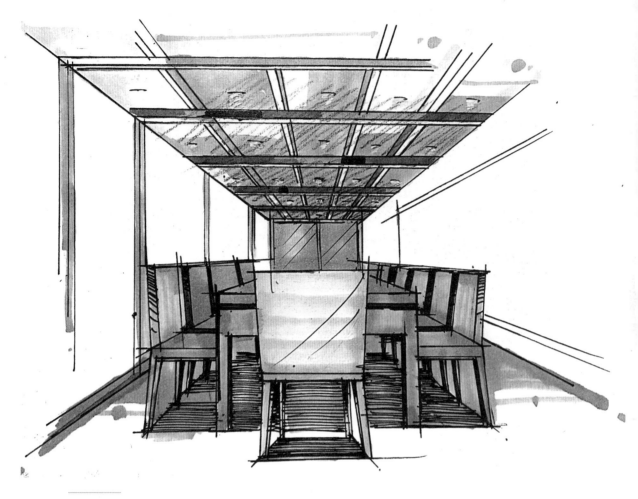

图 2-45

通过统一色彩以弱化杂乱构件的竹藤家具展示的顶面设计

　　隔断、屏风大多属于活动型的界面设施，具有设置灵活的特点。基于展示目的，竹藤家具展厅的分隔不能过于封闭，运用隔断、屏风就能使分隔后的空间相对比较开阔，而且，还能缓解不同竹藤家具组合共处一室的混杂场面。隔断、屏风常被设计成900～1800mm高，紧靠着竹藤家具的背立面。将不同的竹藤家具组合进行分隔，并形成隔而不断的整体效果。而且，隔断、屏风所限定的空间都属于弹性空间，空间的伸缩可以通过重新调整它们的位置来完成。当被展示的竹藤家具产品发生改变时，就可以通过调整隔断、屏风的位置来获得相应的空间大小。屏风的形式数不胜数，艺术化的造型还能活跃展厅的整体气氛，如图2-46所示。

图 2-46
艺术化造型的竹藤家具展示的屏风设计

3.交通

交通是将展厅各个空间以及展厅内外有机联系起来的重要设施，要使竹藤家具展示活动能有序进行，就必须处理好展厅中的交通设施。处理交通设施，首先是做到路线简洁明确，联系通行方便；其次是实现交通流畅，紧急疏散时迅速安全；再次是力求节省交通面积，并将交通设置与空间艺术统一考虑。交通设施主要可以分为水平交通和垂直交通两类。

水平交通有门厅、走道和走廊等。门厅是竹藤家具展厅主要出入口的内外过渡、人流集散的交通枢纽，同时，还兼有展示活动的其他功能，如接待服务、展示经典产品等。门厅的导向性要明确，尽量避免交通路线过多的交叉和干扰。走道、走廊是连接展厅各空间以及门厅、楼梯等的主要交通设施，其宽度应符合人流通畅和建筑防火要求，通常将竹藤家具产品展厅的主道宽度设置在1500mm左右，而次道宽度也不应小于650mm。基于竹藤家具产品展示活动的使用特点，可以将走道、走廊的面积和展示空间的使用面积完全结合起来，组成套间式的平面布局。

垂直交通有楼梯、坡道、电梯和自动扶梯等。楼梯是连接竹藤家具展厅纵向空间的重要交通设施，同时，还是楼层人流疏散的必经通道。楼梯的宽度是根据通行人数和建筑防火的要求来确定的，通常竹藤家具产品展厅的楼梯不小于1200mm，而且，将楼梯设置在门厅附近，还有利于疏散人流和节省交通面积。坡道、电梯和自动扶梯是上下比较省力的垂直交通设施，通常运用于人流大量集中的大型竹藤家具展示场所，具有缓解通行障碍的特殊功能。

4.宣传

宣传是树立品牌形象、烘托展厅气氛、刺激购买欲望的重要手段，具有辅助传达展示信息的功能。竹藤家具展厅中常见的宣传设施有以下几种：第一种是被设置在门头上方的招牌（已在前文论述）；第二种是品牌形象展示墙，常被设置在展厅的中央或者醒目的位置，而且，常以背景墙的形式与所展示的经典竹藤家具产品结合，如图2-47所示；第三种是POP系列广告，POP系列是能跟随流行概念、热门话题等外部因素的变化而不断更换的品牌系列标识。其识别的灵活性，是前面两种展示设施所不能比拟的，但使用期限却相对比较短暂。这种容易更换的标识系统主要采用悬挂、摆放和粘贴等简便的固定方式。常见的POP广告形式有吊旗、招贴、灯箱以及视频等。

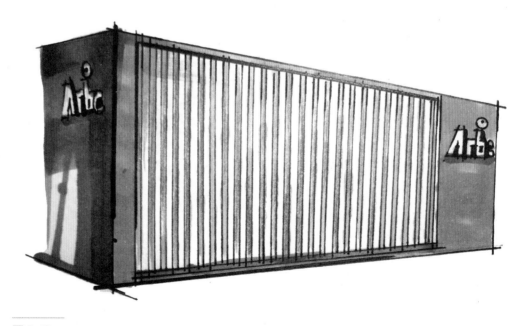

图 2-47
与竹藤家具产品协调的形象展示墙设计

以快题设计的形式完成原竹家具设计、竹集成材家具设计、竹重组材家具设计各一件。

要求：完成其透视效果图、三视图、设计说明。

第三章
竹藤家具形态

　　竹、藤类植物具有生长快、再生能力强、生长周期短的物种优势，符合生态设计提出的"4RE"原则[即Reduce（少量化，物尽其用），Reuse（再利用），Recycle（资源再生），Re-design（再设计）]，竹材纹理通直、色泽淡雅、材质坚韧、资源丰富，是一种可持续发展的材料资源。竹、藤材凭借其生长方向弹性和竹纤维韧性，并以纹理、色彩及线条等自然特性，带来其本身自然亲和的色彩、清晰通直的纹理以及光洁细腻的手感，给人以视觉、触觉上的双重享受。竹藤家具的材料形态、色彩形态、技术形态、功能形态、装饰形态以及整体形态共同展现着竹藤家具特有的形态美。

第一节　竹藤家具的材料形态

竹藤家具的材料形态是指由于竹、藤的各项材料性能赋予竹藤家具特有的形态特征。竹、藤表面肌理鲜明，通常无须过分加工装饰，就能体现出竹材特有的肌理和质感，且拥有别具一格的独特语言。多数情况下，竹材的肌理特性与其物理特性有着密不可分的联系，根据其物理特性（如密度、含水率、干缩性等因素）间的微妙组合变化，可形成竹材不同部位、不同肌理形态的特性。无论是竹节肌理的凹凸错落，竹、藤表皮肌理的光滑细腻，不同剖面肌理的变化推移，抑或是人为编织肌理的疏密韵律，均体现着竹、藤在不同的物理特性和不同条件下的不同架构技艺，使竹藤家具表现出不同的质感效果。

竹藤的自身特点是构成竹藤家具的物质基础，同时也是竹藤家具艺术表达的承载方式之一，任何竹藤家具的形态最终必然反映到其具体的材料形态上来。竹藤会产生出其特有的形状、色彩、质感，明显会影响其家具形态特征的变化。竹藤家具设计造型变化丰富，这是竹藤塑形能力的充分体现。例如，分析、提取、简化竹子"节上生根、节侧有节"的整体形态下的线条因子，利用形状推演的方式，保留原有纹理的基本构造，对线条的起承转合及微妙变化进行相应的调整，可演绎出新的设计语言，如图3-1所示。竹藤的表面性能基本决定了竹藤家具的质感和肌理特征。不同的竹藤材料具有不同的表面特性，它们最终会反映到竹藤家具的表面形态上。竹藤的纹理和质感赋予了竹藤家具自然、生动的本性，光洁、挺拔的外表，如图3-2所示。

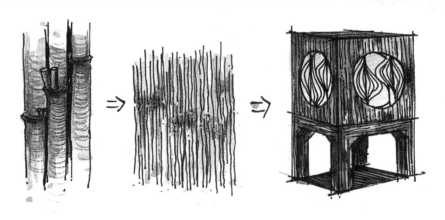

图 3-1

根据竹材的线条因子进行推演的竹家具设计

在进行竹藤家具概念设计时，可以从竹藤材料的五个方面进行考虑：从竹藤材料表面的质感和肌理特征考虑，根据竹藤的视觉、触觉特点进行设计，如图3-3所示；从竹藤材料的物理力学性能考虑，通过合理运用材料的抗压性、抗拉性和抗弯性等特点进行设计，如图3-4所示；从竹藤材料的加工特性考虑，通过结合其材料特有的加工特点进行设计，如图3-5所示；从竹藤材料的装饰特性考虑，根据其材料特有的装饰美进行设计，如图3-6所示；从竹藤材料的使用寿命和经济性考虑，根据其材料的使用寿命与成本的关系进行设计，如图3-7所示。

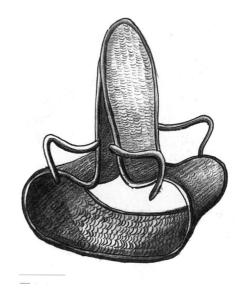

图 3-2
强调竹藤家具特有的材料质感

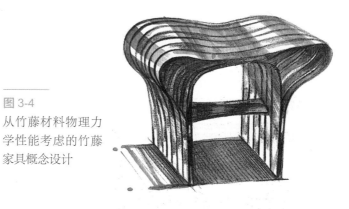

图 3-4
从竹藤材料物理力学性能考虑的竹藤家具概念设计

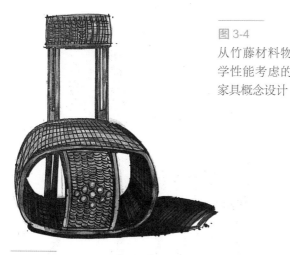

图 3-3
从竹藤材料表面的质感和肌理特征考虑的竹藤家具概念设计

图 3-5
从竹藤材料加工特性考虑的竹藤家具概念设计

图 3-6

从竹藤材料装饰特性考虑的竹藤家具概念设计

竹藤家具设计的关键是设计者如何根据整体需求进行选材。在选择竹、藤材料时，还要考虑材料的使用寿命和经济性，必须保证它们在使用期间不失效，这就要求在选材时应该认真考虑材料的防水、防蛀、防霉、磨损和老化等相关问题。除了选材外，还应考虑竹藤与其他材料之间的协调关系，使一件竹藤家具中的不同材料形态取得和谐一致，实现"材尽其用"，达到竹藤家具整体效果的完美，如图3-8所示。

竹藤材料的装饰特性与竹藤家具的整体装饰形态相对应。不同的竹、藤材料有不同的纹理、色彩和质感等视觉效果，有的变化丰富，有的变化温和。在对竹藤材料的选择上，除了体现设计的意图外，还应该考虑使用者的感觉，必须符合一般的美学原理。

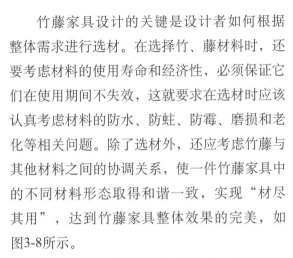

图 3-7

从竹藤材料使用寿命和经济性考虑的竹扶手椅产品设计

图 3-8

考虑不同材料并取得和谐一致的竹藤靠背椅设计

第二节　竹藤家具的色彩形态

　　竹、藤材以其色泽匀称淡雅、自然柔和的特性在产品中得到广泛应用，呈现出清新优雅、自然淳朴的色彩形态。此外，竹、藤材的可塑性极佳，将其与不同材质和色彩元素搭配，能带给观者微妙的心理变化及视觉感受。此类手法在现代产品设计中可见一斑，如将原竹与温润光滑的陶瓷材质结合，可营造出柔和细腻、沉稳安静的家居风格，如图3-9所示；将竹材与坚硬光亮的合金材料搭配，则可带给观者时尚现代、简约大气的情感体验，如图3-10所示；将竹材进行色彩重塑，配合大面积色彩喷涂，可为产品增添一份趣味性和灵动感，如图3-11所示。由此可见，在产品设计中，根据竹、藤材本身的自然色彩和肌理效果，通过巧妙的设计，能够带来独一无二的美感及视觉体验。

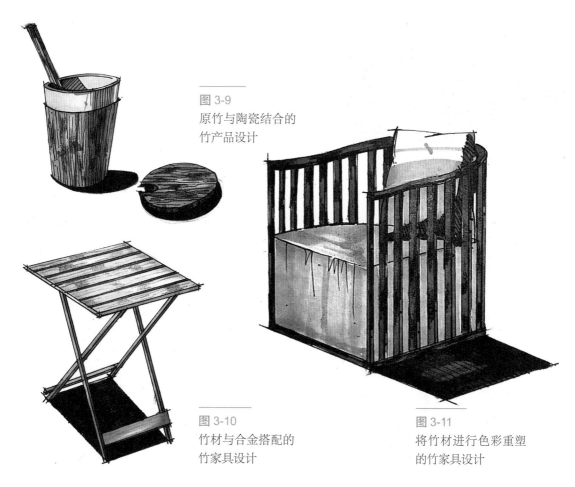

图 3-9
原竹与陶瓷结合的
竹产品设计

图 3-10
竹材与合金搭配的
竹家具设计

图 3-11
将竹材进行色彩重塑
的竹家具设计

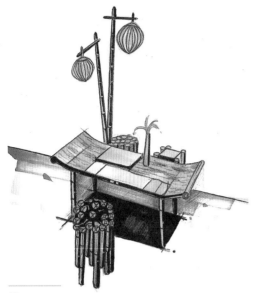

图 3-12
从"自然天成"色彩视觉感考虑的竹家具设计

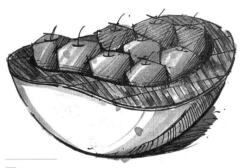

图 3-13
从竹、藤材色彩搭配考虑的
竹集成材产品设计

图 3-14
从"怀旧"理念
的色彩象征性考
虑的竹集成材靠
背椅设计

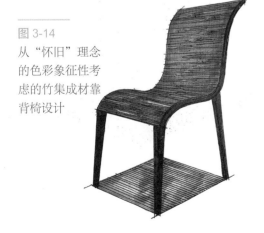

竹藤家具的色彩形态是指竹、藤材色彩赋予家具特有的色彩构成和相关的色彩效应。从色彩学的角度出发，任何形态都可以看成是色彩的组合和搭配。竹藤家具中的色彩拉近了人与自然的距离感。竹藤家具色彩形态设计的关键是设计者如何进行色彩的选用与搭配。在进行竹藤家具概念设计时，可以从色彩形态设计的三个方面进行考虑：从竹、藤材色彩的视觉感考虑，充分利用色彩自身的视觉因素，使竹藤家具设计的色彩形态的特征更明确，如图3-12所示；从竹、藤材色彩的搭配考虑，通过合理搭配竹藤家具的色彩关系，使竹藤家具设计的色彩形态更符合用户的审美情趣，如图3-13所示；从竹、藤材色彩的象征性考虑，充分利用色彩的象征性，使竹藤家具设计的色彩形态的文化内涵更丰富，如图3-14所示。

竹藤家具的色彩，不但可以瞬间捕捉人的视线和吸引人们的注意力，而且还会影响人们的心情，形成所谓的色彩视觉感，并迎合所谓的对自然、田园的向往。运用竹、藤材色彩的互补、对比或渐变手法，可以达到"回归自然""田园生活"的视觉效果，即一种合乎设计目的的"色彩情怀"；也可以用这些色彩变化技法与造型细节点、功能延伸处结合，来突出竹藤家具使用功能的识别，达到方便人一目了然使用的目的，如图3-15所示。

竹藤家具的色彩搭配主要受工艺、材质、竹藤家具物质功能、色彩功能、环境、人机工程学等因素的制约。其配色的目的是为了追求丰富的光彩效果，表达作者情感，感染观众。既要使竹藤家具所呈现的色彩关系协调统一，又要使竹藤家具与环境的色调能够相得益彰。

竹藤家具与环境之间要达到和谐一体、同谱一色的视觉效果，其最基本的原则就是"确定视觉重点"。将"竹藤家具"与"环境"这两个元素都确定为视觉重点或确定得不明确都不会达到好的整体视觉感受。以竹藤家具为视觉重点，使环境配合竹藤家具主题，创造符合竹藤家具主题的环境来烘托"竹藤家具"这个视觉中心点，如图3-16所示。

竹藤家具的色彩设计还应该考虑竹、藤材色彩的象征性。由于种种原因，不同国家与地区的人们对色彩有着不同的好恶情绪。竹、藤材色调设计迎合了人们的喜好情绪，就会受到热烈的欢迎；反之，产品在市场上就会遭到冷遇。某些色彩带有一定的宗教意义或者特定的意义，因此，在产品设计前必须详细地了解各种色彩在不同地域、国家和民族所表示的各种含义。

图 3-15
原竹家具的"田园"色彩情怀与视觉识别

图 3-16
竹藤家具色彩与室内空间色彩的搭配

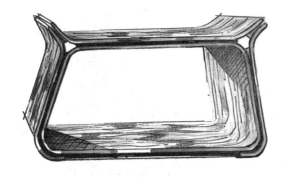

图 3-17
从外部结构考虑的竹集成材家具产品设计

第三节 竹藤家具的技术形态

竹藤家具的技术形态主要反映在结构形态与工艺形态两个方面。

竹藤家具的结构形态是指由于竹藤家具的结构形式不同而具有的竹藤家具形态类型。从产品的角度来看，竹藤家具整体、部件都是由竹、藤零部件相互结合而构成的，由于结合方式的不同，赋予了竹藤家具的不同形态。竹藤家具结构形态设计的关键是设计者如何从竹藤家具功能和技术出发塑造结构。在进行竹藤家具概念设计时，可以从结构形态设计的三个方面进行考虑：从竹藤家具外部结构考虑，将如何设计稳固、美观的外部结构作为其概念设计的思路，使竹藤家具外观形态的美更具合理性，如图3-17所示；从竹藤家具内部结构考虑，结合内部结构的特点进行其概念设计，使竹藤家具的整体结构更合理，如图3-18所示；从接合方式考虑，通过设计合理的接合方式使其概念设计的细节处理得更充分，如图3-19所示。

图 3-18
从内部结构考虑的竹藤家具设计

图 3-19
从接合方式考虑的竹藤家具设计的亮点

竹藤家具的外部结构形态是指充分暴露在人视线下的外观结构,它除了迎合使用功能外,还具有独特的审美特征,如图3-20所示。

竹藤家具的内部结构形态是指竹藤家具形体中零部件的接合方式以及由内部结构所产生的竹藤家具的形体变化,如图3-21所示。

由于竹藤家具接合方式的不同,也赋予了竹藤家具不同的结构形态。例如,传统原竹藤家具中的接合方式,造就了独特的以线为主要构成元素的框式结构形态,如图3-22所示。又如竹集成材家具以及各种连接件的使用,形成了有别于传统原竹藤家具的现代板式结构形态,如图3-23所示。

竹藤家具的工艺形态是指由竹藤家具制造工艺所决定的竹藤家具形态特征,不同的生产工艺就会产生不同的形态。所选竹、藤材料的不同,其生产工艺所表现的外观形态各不相同,而且,手工加工与机械加工所表现的外观效果也是不同的。竹藤家具工艺形态设计的关键是设计者如何利用各种工艺拓展新形态。在进行竹藤家具概念设计时,可以从竹藤家具工艺形态设计的三个方面进行考虑:从竹藤家具成形工艺考虑,既有利于竹藤家具概念设计的形态塑造,又可提升设计结果的可行性,如图3-24所示;从竹藤家具饰面工艺考虑,使竹藤家具概念设计的表面形态更具装饰性,如图3-25所示;从竹藤家具特殊工艺、新工艺考虑,更有利于竹藤家具概念设计的形态创新,如图3-26所示。

图 3-20

注重对竹藤家具特有的外部结构形态的表现

图 3-21

竹藤坐具设计中的内部结构形态

图 3-22

传统框式的原竹扶手椅产品设计

图 3-23
现代板式的竹集成材家具产品设计

图 3-25
竹藤家具饰面工艺也是影响竹藤家具
形态的重要手法

图 3-24
竹藤家具成形工艺的不断发展促进新
的竹藤家具形态的出现

图 3-26
竹藤家具特殊工艺、新工艺的运用也
对竹藤家具形态产生影响

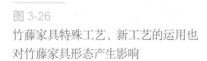

第四节　竹藤家具的功能形态

竹藤家具的功能形态是指与竹藤家具的功能发生密切关系的形态要素，既包括竹藤家具常规功能的形态要素，又反映竹、藤材料特有性能所赋予的竹藤家具功能形态要素。床是用来"躺"的，椅子是用来"坐"的，这些形态要素都是由竹藤家具的常规功能所决定的。造型易弯曲，表面光滑、清新，这些形态要素则是由竹、藤材料的特有功能所决定的。竹藤家具功能形态设计的关键是设计者如何在新的社会条件和技术条件下发现或拓展竹藤家具新的使用功能。在进行竹藤家具概念设计时，可以从其功能形态设计的四个方面进行考虑：从以"人"为主体的竹藤家具功能形态考虑，将人的生理需求和心理需求作为整个竹藤家具概念设计的行动方向，如图3-27所示；从以"物"为主体的竹藤家具功能形态考虑，将现代生活当中的物件作为开展竹藤家具概念设计的线索，如图3-28所示；从竹藤家具产品的功能尺寸和功能界面考虑，根据各种变化的内外因素设计更为适宜的竹藤家具功能形态，使竹藤家具概念设计围绕着如何实现更加合理的功能尺寸关系、功能界面形式展开，如图3-29所示。

以"人"为主体的竹藤家具功能形态，如图3-30所示。自现代设计以来，"以人为本"一直是各种设计的基本指

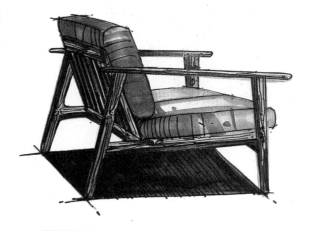

图 3-27

竹藤家具中以"人"为主体的功能形态设计

图 3-28

竹集成材家具中以"物"为主体的功能形态设计

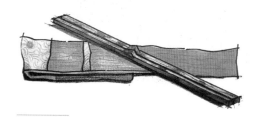

图 3-29

基于功能尺寸和功能界面的竹产品设计

图 3-30
适应半躺半坐姿态的原竹座椅设计

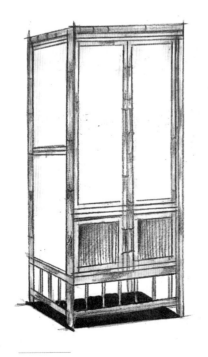

图 3-31
适合各种衣物的竹藤收纳家具设计

导思想之一。它强调以人为中心，从人的需要出发，充分考虑人的生理和心理，设计出为人所用的产品。竹藤家具产品设计中"以人为本"的设计理念主要反映在功能设计、使用过程中的便利和对竹藤家具审美体验这几个方面。如何发挥竹藤家具的特殊性能，以适应"人"的特殊需求，除了如何适应人的姿态、人体尺寸、人的行为和人的感觉等常规需求以外，还应满足环境需求、价值需求和情感需求等特殊需求。

以"物"为主体的竹藤家具功能形态，如图3-31所示。所谓与竹藤家具相关的物，就是人们周围林林总总的生活用品与设施，有衣物、食物、杂物、电器、装饰品和书籍等。由于它们都具有各自不同的形态特征，因此，容纳和支撑这些物品的竹藤家具也必然显示出变化的形态。其具体反映为：竹藤家具功能形态要适应物的特性、物的尺度、物的功能和使用过程中物的变化。对功能形态设计而言，还要以舒适和方便为基本出发点，以灵活多变和节省空间为基本手法，以节省材料能源与使用耐久为原则，以不断拓展新功能为目标。相比其他家具而言，如一些编织工艺制成的竹藤家具因其透气性优良，更加适合对透气性有特殊要求的物品贮存。

不同类型的竹藤家具具有不同的竹藤家具功能，而实现竹藤家具功能，首先应该考虑它的功能尺寸。根据不同类型的竹藤家具功能的要求，竹藤家具的功能尺寸也可以分为以下四类：坐类竹藤家具功能尺寸、卧类竹藤家具功能尺寸、凭倚类竹藤家具功能尺寸、贮存类竹藤家具功能尺寸。而且，由于使用场所、目标人群等外部因素的不同，同一类型的竹藤家具功能尺寸也会有差异，如图3-32所示。

图 3-32
中西方竹藤坐具的功能尺寸对比

　　竹藤家具产品功能界面，是竹藤家具中直接承担该竹藤家具功能任务的界面，也是与人和物发生直接接触的界面，如图3-33所示。根据上述四种竹藤家具的功能类型，竹藤家具的功能界面又因服务对象的不同而存在明显差异。而且，基于对使用人群的界定和销售市场的定位，同一类型的竹藤家具功能界面也会存在形式方面的差异。

图 3-33
竹集成材家具产品中的功能界面

第五节　竹藤家具的装饰形态

　　竹藤家具的装饰形态是指竹藤家具由于装饰要素所赋予的竹藤家具的形态特征。竹藤家具的格调在很大程度上是由装饰因素所决定的。竹藤家具装饰形态设计的关键是设计者如何处理装饰与整体形态的关系。在进行竹藤家具概念设计时，可以从装饰形态设计的三个方面进行考虑：从竹藤家具装饰的手法考虑，理性地、准确地运用各种装饰手法，使其概念设计的装饰形态更合理，如图3-34所示；从竹藤家具装饰的题材考虑，通过对传统装饰题材的提炼与对新的装饰题材的挖掘，使其概念设计的装饰内容更加多元化，如图3-35所示；从竹藤家具装饰的风格考虑，使其概念设计的装饰风格与其产品的整体风格达到统一，如图3-36所示。

图 3-34
从装饰手法考虑的
竹藤家具设计

图 3-36
从装饰风格考虑的
竹藤家具产品设计

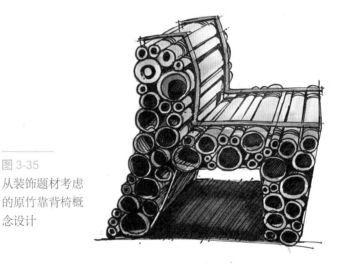

图 3-35
从装饰题材考虑
的原竹靠背椅概
念设计

根据加工方式和所用材料的不同，竹藤家具装饰方式主要可以分为功能性装饰、艺术性装饰、结构性装饰和工艺性装饰等。采用功能性装饰方式能在增添竹藤家具美感的同时，又具有提高竹藤家具表面的保护性能等功能，功能性装饰主要可以分为涂料装饰和贴面装饰，如图3-37所示；艺术性装饰是一种运用艺术性的技艺来美化竹藤家具的装饰手段，艺术性装饰可以分为雕刻装饰、镶嵌装饰、烙花装饰和绘画装饰等，如图3-38所示；结构性装饰因竹、藤材料的物理性能而赋予竹藤家具特有的构成形式的装饰美，如图3-39所示；工艺性装饰因竹、藤材料的加工方式而赋予竹藤家具独特的技艺形式的装饰美，如图3-40所示。

图 3-37
竹集成材曲面成形中特有的家具功能性装饰

图 3-38
竹藤家具中的编织艺术性装饰

图 3-39
竹藤家具中的编织结构性装饰

图 3-40
竹藤家具中的编织
工艺性装饰

竹藤家具的装饰题材为其整体形态增添了许多情趣与意义，竹藤家具的装饰风格影响着竹藤家具整体形态的风格。我国特有的传统文化形成了传统中式竹藤家具特有的装饰风格，其中以体现儒、道、释文化的装饰元素最为丰富，而这些装饰元素也反之成了我国传统文化的象征符号。竹藤家具的装饰题材是十分丰富的，有宗教类题材、文艺类题材、民俗类题材等。传统中式竹藤家具中的民俗类装饰题材就有象征富贵的牡丹、象征吉祥的麒麟、象征长寿的松柏、象征福禄的蝙蝠与梅花鹿等，如图3-41所示。

图 3-41
竹藤家具中体现民
俗文化的装饰题材

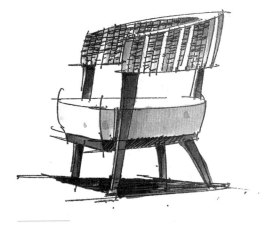

图 3-42
竹、藤材的装饰色彩赋予竹藤家具的装饰美

竹、藤材优良的装饰特征主要体现在表面光滑、质轻、柔性大、色泽自然柔和、纹理清楚美观等。在进行竹藤家具设计时，应充分利用竹、藤材的质感、色彩、纹理及受光特征等自然特色，尤其是质感和色彩，更能反映竹、藤材与生俱来的装饰特征。竹、藤材的装饰色彩主要反映在竹绿、竹黄和炭化的色彩，如图3-42所示。

第六节　竹藤家具的整体形态

　　由物体的形式要素所产生的给人的（或传达给别人的）一种有关物体"态"的整体感觉和整体"印象"，就叫作"整体形态"，竹藤家具作为一种物质的客观存在，势必会给人留下印象。竹藤家具既受整体环境的制约，其个体又是一个系统的机体，因此，竹藤家具作为一种特殊的产品形态类型，其整体形态特征的表现方式有两种：一是竹藤家具在室内环境"场"中表现出来的形态特征，即在某一室内环境中的竹藤家具之间、竹藤家具与室内之间的组合、协调与统一所构成的室内环境的整体形态，如图3-43所示；二是竹藤家具自身的整体形态设计，即同一竹藤家具中的各种形态要素所展现或传达给人的一种有关物体形态的整体感觉和整体印象，如图3-44所示。

　　竹藤家具整体形态的设计基本出发点是从整体协调一致的角度来考虑竹藤家具的形态。室内空间形态的构成要素是多方面的，其中竹藤家具作为室内空间的主要陈设，对于室内空间的整体形态构成具有决定性的意义。就单独的竹藤家具形态而言，由于竹藤家具承载着诸多的文化意义，因此对于竹藤家具的叙述也不是一件简单的事情。系统设计方法论的基本原理告诉我们，任何设计对象都不是相互孤立的，只有将与竹藤家具设计相关的所有因素综合考虑，才能达到竹藤家具设计的真正目的。

图 3-43
竹藤家具在室内环境中的
整体形态

图 3-44
独立存在的竹藤家具
整体形态

一、室内空间环境中的竹藤家具整体形态

室内空间具有典型的形态特征，它的主要构成要素包括室内的空间形态、空间的组织、空间的体量、空间界面的形态以及室内空间的视觉特征等。在上述各类室内空间构成要素中，竹藤家具都扮演着不可替代的角色。

竹藤家具作为一种可视的形态存在，既可以使原本单调的室内空间变得丰富多彩，也可能因为竹藤家具的存在使原本秩序井然的建筑空间变得杂乱无章，当然，竹藤家具对空间的影响力应该向着正面的方向发展。因此，竹藤家具整体形态与建筑空间的相容性就十分重要，关键在于确立建筑室内空间形态和竹藤家具形态的主题，无论是室内空间还是竹藤家具都应该尊重这个主题。竹藤家具既可以构成室内空间形态的"场景"，也可以作为室内场景中的"角色"，如图3-45所示。

人们在评论城市景观和城市规划设计时，常常用到"城市天际线"的术语，而对于室内空间与竹藤家具而言，所谓的"城市天际线"其实质意义就是竹藤家具在室内空间中的"轮廓线"。竹藤家具等陈设在室内空间的形态特征在很大程度上构成了室内空间中的、室内界面上的"轮廓线"，同时也赋予了室内空间虚与实、主与次、前与后等形态内容。通过落差起伏、纵深前后、虚实结合、色彩搭配，使竹藤家具和陈设形态成为室内空间界面设计的主体与重点，如图3-46所示。

图 3-45

竹藤家具设计也可以是室内设计的主要内容

图 3-46

竹藤家具外形轮廓与室内空间构图

总之，作为室内环境中的竹藤家具形态设计，应当以室内空间形态作为基本立足点，以营造和谐统一的室内空间氛围为主要目的。

二、竹藤家具自身的整体形态

对于设计师而言，竹藤家具也经常以一种独立的创作对象而存在。这种设计背景下的工作更类似于雕塑等艺术创作形式或者艺术设计形式。

前面的内容中论述了竹藤家具的材料形态、色彩形态、技术形态、功能形态和装饰形态，可以认为这些都是从造型形态的不同角度局部地论述了竹藤家具的形态特征。竹藤家具是一种物质性与精神性兼备并具有丰富文化内涵的产品，要表达竹藤家具的完整意义，需要将竹藤家具的各种形态特征基于整体形态的观念来集中实现，如图3-47所示。例如，将竹藤家具的物质形态特征（如材料形态、技术形态等）融合于一体，集中实现竹藤家具的功能意义，如图3-48所示；将各种材料形态、装饰形态、色彩形态等进行有机统一，以此来实现竹藤家具的装饰意义，如图3-49所示；将各种形态完美结合，综合实现竹藤家具的文化意义，如图3-50所示。

竹藤家具设计同其他设计艺术一样需要追求设计自身的风格特征。一种具有典型风格意义特征的设计往往是一系列形态特征综合的具体体现。例如，传统明式风格的竹藤家具的主要特征综合反映于合理的功能尺寸、简洁的造型、天然质感的木材、繁简相宜的装饰、精致和高强的结构等几个方面，如图3-51所示。

图 3-47

基于整体形态观念的竹集成材卧室家具中的各种形态

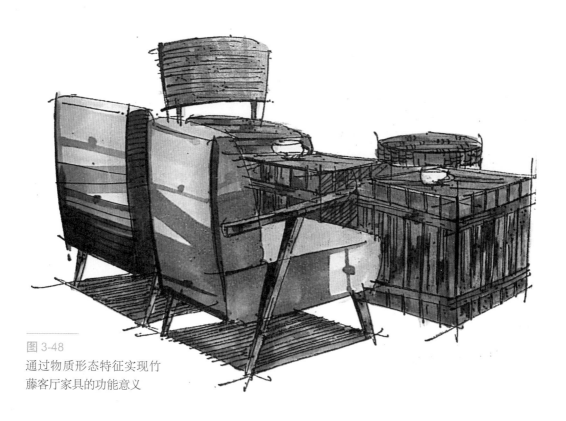

图 3-48

通过物质形态特征实现竹
藤客厅家具的功能意义

图 3-49

通过材料形态、装饰形态、色彩形
态实现竹藤几类家具的装饰意义

图 3-50

通过各种形态的完美结合实现竹藤休闲家具的文化意义

图 3-51
传统明式风格竹藤
家具的综合形态

总之，竹藤家具作为一种形态存在，必须体现竹藤家具协调环境的空间意义与自身完美的造型意义，才能实现竹藤家具各种形态要素的存在价值。

习题

以快题设计的形式，分别从材料形态、色彩形态、技术形态、功能形态、装饰形态和整体形态视角出发，完成竹藤家具设计各一件。

要求：完成其透视效果图、三视图、设计说明。

第四章
竹藤家具的制作工艺

在漫长的历史进程中，竹藤家具生产的传统工艺得到了逐步的完善，形成了独特的风格。对于传统工艺，小郁竹家具工艺、大郁竹家具工艺作为典型传统工艺，需要人们保护与传承；而随着科技进步，竹集成材家具工艺、竹重组材家具工艺等竹藤家具现代工艺得到快速发展，同样也值得人们学习和研究。

第一节　小郁竹家具工艺

用刚竹作为支架加工制作成的各种竹家具统称为小郁竹家具。它具有美观、轻巧、经济和实用等特点，在我国城乡尤其是南方各省，深受群众喜爱，使用历史悠久。小郁竹家具中的高档产品，制作精细，造型独特，是驰名中外的工艺美术品。

一、小郁竹家具基础工艺

（一）备料

将竹材加工制作成各种家具、产品及工艺品，必须经过从选料到零件制作的过程，此过程称为备料。因竹制家具的主要原料是毛竹和刚竹，所以备料又分为毛竹备料和刚竹备料。

1.毛竹备料

竹制家具所用的竹钉、压片、槽片、承挽、椅面、桌面、靠背面等都是用毛竹加工制作的，加工的工艺流程可分为以下工序：

（1）选料　毛竹从生长成材到采伐利用，材形和材质的差异很大，因此，根据产品的设计要求，对竹子要"量材而用"，选料是关键。材料的配备要根据产品的设计要求和实际需要来确定，坚持节约的原则，做到大材大用、小材小用，注意废材利用，切忌大材小用，浪费原料。

（2）下料　材料选好以后，就可以下料了。手工下料的工具是手锯、竹马扎和工作凳。下料时应注意四点：一是因为是手工操作，零件精度不可能很高，也不可能绝对规格化，备料加工的零件只能在装配时定型，所以下料时，除毛竹销面的材料可按产品设计的尺寸锯成规格竹筒外，其余的零件应按产品设计要求的尺寸放长，不能缩短；二是根据选料的要求，每根竹子先确定用料，再从头至尾依次锯断；三是锯断以后的料应按类别堆放，便于下道工序使用；四是因为毛竹大而长，为了便于操作，一般采用竹马扎固定。对毛竹进行机械下料时使用活臂锯床，操作前，要先检查锯片的装置情况，紧固好螺栓和螺母，以免发生工伤事故。

（3）车节　为了使产品平滑美观，露在产品外表部位的竹节必须车平，如压片、桌面和靠背片等。手工车节时使用车刨，操作时先将竹筒水平放置在凳上或地上，操作者右手握持车刨，左手不断将竹筒与右手刨削方向做相对旋转，一直到竹节车平，无凸凹为止。

（4）刮青　把毛竹表面上的青皮刮掉，一是去污，二可使产品美观，一般显露在家具外表的毛竹部分都采用了这项工艺。

（5）开竹　把竹筒劈成零件毛坯的过程称为开竹。手工开竹一般使用大刀，操作的方法是：按毛坯宽度的最小限量（稍宽于工件宽度，既保证加工量，又免于浪费），在竹壁薄的一端等分，按等分的各点用刀依次劈开，然后削平竹黄面一侧的竹节。

开竹时应注意以下两点：一是因毛坯宽度是按产品设计尺寸的最小限量来确定的，所以不应在竹壁的厚端，即大端部位开竹，否则，毛坯的另一端就会过窄，零件达不到宽度要求；二是为了使开竹时竹片分裂不走斜路，不论劈成大块还是小块，都应在竹筒的中点先劈开（钉坯例外，它应从左至右劈开）。

机械开竹使用开竹机，操作时，先按竹筒大小和坯料所需宽度选用适当的刀轮装入刀架，然后再装上竹筒，调整刀轮上下及左右位置，使刀轮中心点对正竹筒中心点后，起动电动机，竹筒就根据需要开成了坯料。

（6）削制　任何零件，通过以上一道工序或某几道工序而成为零件毛坯后，即可开始削制成形。按照各零件尺寸的大小、宽窄、形状和要求，分别叙述如下：

1）竹钉。竹钉是竹制家具中不可缺少的固定件，根据用途不同可分为两种，一种是压片钉，用来配合压片，固定竹面；另一种是托闩钉，用于托闩位置，如支架上每道围的下面就要配装托闩钉，承受围的坐力和固定围的位置。另外，托闩钉还用来固定有关的榫合部分。两种竹钉形状一样，工艺要求是上大下小削制面平直，横断面竹青稍微窄于竹黄，壁厚等于竹青面的宽度。

2）压片。压片是安装在竹面上的长条竹片，用来压紧竹面，使竹面与支架紧合。它的横断面形状是以竹青自然弧形的弦为基准面，竹黄呈一边厚一边薄的斜平面（图4-1），压片宽度、厚度和长度随产品大小、竹面大小和支架材料大小而不同。

图 4-1
压片的横断面

一般压片的宽度要求略大于产品支柱的直径，大中型家具压片的厚度，厚边为0.6~0.7cm，薄边约为0.2cm；小型家具压片的厚度，厚边为0.3~0.4cm，薄边为0.1cm。其长度都按产品的实际需要来确定。手工削制压片时，除按照以上的规格要求外，还要特别注意整个压片宽窄、厚薄一致和削制面平整光滑，片条基本平直。压片削制除手工操作外，还可用竹片铣床铣削。压片铣削前，先用大刀将压片坯的竹节削平，两侧削直，再放到竹片铣床上铣削。

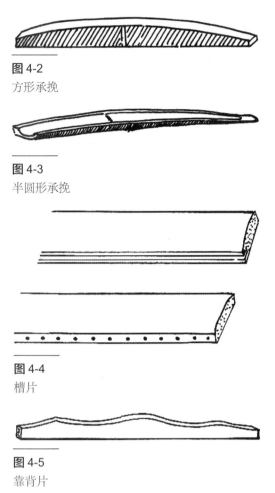

图 4-2
方形承挽

图 4-3
半圆形承挽

图 4-4
槽片

图 4-5
靠背片

3）承挽。承挽是嵌在支架头围上、竹面下的零件，在竹面中部受到压力时，以支撑竹面不弯曲脱落。承挽主要有两种：

一是方形承挽，一般多用于小型家具，如凳、椅之类，通常采用竹头削制。承挽长短、大小根据产品规格、受力大小而定。以中间弧形的顶部处计量，一般承挽的宽度为2cm左右（特殊情况例外）。削制承挽时，先将竹面的一侧削直，再将另一侧削成弧形，弧度要求一致，不能过大（图4-2）。

二是半圆形承挽，常用于大中型家具，如桌、大靠椅之类。半圆形承挽用竹尾劈两开进行削制，其形状是把竹筒的劈开面削成弧形（图4-3），它的技术要求与方形承挽相同。

4）槽片。竹制家具中，凡固定面篾的竹片通称为槽片。槽片根据不同需要，有刮槽的、有钻孔的。密合无缝的板面采用刮槽，稀篾装配的采用钻孔。槽片宽度要根据产品的大小来确定，技术要求是，竹黄面削平，两边削正、削直，横断面除竹青面呈弧形外，其余三方应垂直。当片条削好后，再在一侧刮槽或钻孔（图4-4）。

5）竹面。竹面就是竹料铺成的平面，是竹制家具的一个重要组成部分。竹面主要有三种：一种是毛竹销面，成本低，应用广泛；另一种是竹青胶面，这种竹面精致，但成本较高，操作复杂，一般只用于高档产品；还有一种是毛竹反黄面，因受竹黄大小限制，通常只用于中小型产品，有时也可拼合成大面。

6）靠背片。制作靠背椅，都要用到靠背片。靠背片是安装在靠背柱上固定靠背面的，通常安装上、中、下三块或上、下两块，具体要看靠背面的长度和固定的需要来确定。中、下两块的形状基本与槽片相似，只是片条需要经过火上加热，使其朝向竹青面郁弯成弧形，与人体背部的弧度相吻合，以保证坐靠时舒适稳当。上面一块除具有以上特点外，为了增加产品的美观，削制时，还应把靠上边的一侧削成弧形或挖制各种图案（图4-5）。靠背片总的工艺要求是，削制面光滑，无凸凹，弧度均匀一致。其长度则根据靠背的宽度来确定。

以上削制的各种零件是竹制家具中几种主要的毛竹部件，还有些零件，如靠背面篾、扯挽等，一般均在装配时另行制作。

（7）处理　由于毛竹竹材易霉和易蛀，会影响产品的使用寿命，因此经过削制好的毛竹零部件，在装配成产品之前，还应进行防蛀、防霉和挥发水分的处理。防霉和防蛀的具体做法是，将有毛竹的零部件放到3.6份硼酸、2.4份硼砂和100份水的混合液中，浸泡24~48h即可，具体时间根据竹材厚度来确定。由于竹材本身含有水分，再加上浸泡时吸收的水分，所以，还要进行挥发水分的处理。其方法有两种，一种是放到阳光下自然干燥，另一种是放入烘房直到烘干为止。

2.刚竹备料

刚竹备料可分为选料、下料、打柯节、烧料四道工序。

（1）选料　刚竹是小郁竹家具的主要原料，根据不同产品的设计要求，在材料的配备方面，必须严格选定。

产品有大有小，刚竹也有粗有细，产品各部要求的材质不同，刚竹各部分的用途也不同。

刚竹按杆茎大小分为五个等级，从离竹头50cm处开始量，直径在3.3cm以上的为特级，在2.6~3.3cm的为甲级，在2~2.6cm的为乙级，在1.3~2cm的为丙级，在1.3cm以下的为等外级。根据产品规格的大小，一般在制作大号椅、办公椅和直径为63cm以上的桌类等大型家具时，考虑到受力面大，宜采用特级刚竹；对于中靠椅、茶几、四层书架、50~56cm的桌类采用甲级刚竹；对于二号椅、三片靠椅、二层书架等采用乙级刚竹；对于三号椅、小六方凳和洗脸架等采用丙级刚竹。等外级刚竹一般应用价值小，只配合做撑子料和小横档等。但是，竹材大小的选用也不是绝对的，有时考虑结实、美观等工艺要求，也可进行适当选材。尤其是有些产品，如书架和碗柜之类，大小竹材均须用到，竹材配备更应适当。根据产品的要求选择刚竹大小时，还要注意质量选择，一般家具的支柱要求坚韧结实，采用竹壁较厚、材质较硬的刚竹头部合适；固定支架的围需要开制郁口，为了使挖郁口、铲竹黄方便，采用竹壁厚度次之的刚竹腰部合适，其配用的撑子之类可利用竹尾。大型家具的支柱、几道围用材较长，受力较大，要选大小适合、长度适宜的好刚竹。虫蛀竹、边枯竹呈脆性，不适于挖黄郁制，郁口处要避免用这样的竹子。总之，刚竹用料也和毛竹用料一样，必须坚持保证产品质量和节约材料的原则，做到量材使用。

（2）下料　配好竹材后，就可以下料了。下料之前，应该先根据产品规格的大小，确定用材长短。围的郁口处分别做好脚折子、围折子作为踩脚下料量具。

脚折子的做法是，取一块约1.5cm宽的长条竹片，对产品各脚的全长、各围的郁口包含处，如头围、腰围和踩脚围等，分别按尺寸的要求在竹条上做好记号，脚的全长是产品的高度减去压片与竹面的厚度。

围折子的做法是，先根据产品规格长宽的要求，确定好产品各边长度、各郁口长度和闩铆榫长度。为了使操作者计算便利，现将常见的四方、六方、八方产品边长长度的计算方法分别介绍如下：

四方产品的长宽规格尺寸就是各对边长尺寸，计算公式是：

$$四方产品边长=对边长$$

六方产品边长的计算，根据正六方形对边长与边长的比值是1∶0.577，所以六方形产品边长的计算就可按对边长乘以0.577，可列下列公式：

$$六方形产品边长=对边长×0.577$$

八方形产品边长的计算，根据正八方形对边长与边长的比值是1∶0.414，所以八方形产品边长的计算就可按对边长乘以0.414，可列下列公式：

$$八方形产品边长=对边长×0.414$$

（3）打柯节　刚竹砍去枝条后的残存楂墩称为柯节。柯节既影响美观，又容易划破手，在竹制家具中不允许存在。打柯节是用大刀劈削，要注意以下两点：一是要削得干净、平滑，但不得损伤竹材；二是在削上面一个柯节时，不得损伤到下面一个竹节。因为相邻的柯节生长方向是不同的，如损坏了下一个竹节，在火直过程中就容易爆裂。

（4）烧料　刚竹烧料，从工艺角度考虑，有三点好处：一是可以使材质柔软；二是可以使外表光滑干净，增加美观；三是能蒸发水分，减少制成产品后的收缩性。烧料可分为以下三个步骤：

1）加热。将各种材料按长短分类，一次可取数根在火焰上加热，每种材料分两次烧，一次烧一半，先烧头部。加热时要不断来回移动，左右翻转，使各个部位受热均匀。待材料烧出油脂开始呈现黄色时，立即取出，停止加热（注意不要烧黑）。

2）勒油。将烧好的竹材取出后，迅速用竹绒来回勒擦，直到各竹节和节间都擦干净无黑油为止。勒油时要求动作迅速，在保证质量的前提下越快越好，因为如果动作迟缓，竹材冷却后，烧出来的油质容易干枯，擦拭不净，从而影响材料外表的美观。

3）压直。压直是将未冷却的材料放到一个杠杆装置上（图4-6），一端套入铁钩或木钩，将弯形拱面放在木墩上，另一端用手向下压直，将冷水蘸在拱形压直的部位，待稍冷却后松开，再压另外的部位，直到整个竹材全部压直为止。

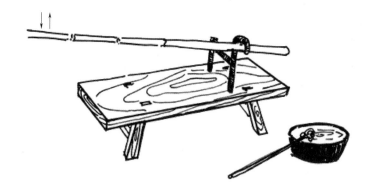

图4-6
竹材弯曲部位烧料后压直

（二）装配

通过毛竹备料和刚竹备料，半成品的制作基本完成。装配就是把通过备料出来的半成品配套组装成产品。

1.郁架

小郁产品一般由支架和面两部分组成，郁架就是制作竹家具的支架。支架起着支撑作用，同时决定了产品的长宽、高低。支架的好坏，直接关系到产品的质量。所以制作小郁产品时，首先要把好郁架这一关，就像高楼大厦必须有牢固的奠基一样。现将制作过程及其要点简介如下：

（1）制作支柱　支架主要由支柱和围组成（图4-7），支柱俗称为"脚"，是支架的支撑体。制作支柱时，先将全部脚料齐脚底的竹节处锯断，要求锯得平而齐，再用脚折子比照，放长1~2cm锯断（凡是不上竹面的支柱，长短可一次定型，不需放长）。再用锯齿在每个脚的郁围部位转一周，使脚的任何一面都可以看到郁口在脚上的衔接位置。要求锯齿转得正，各面的高度一致。然后用车刨将各脚的着地处和可能露在成品外部的支柱各端进行倒角。脚制作好后，按1、2、3、4…的顺序编号。一般号数编定是：四个脚的产品将竹壁厚的编为1、3号，竹壁薄的编为2、4号。六个脚的产品将竹壁厚的编为1、2、4、5号，竹壁薄的编为3、6号。八个脚的产品将竹壁厚的编为1、2、3、5、6号，竹壁薄的编为4、7、8号。靠椅类的靠背支柱，首先要按设计要求进行火弯，然后再进行上述操作。一般产品的靠椅脚的号数编定是：靠背脚为1、2号，前脚为3、4号。号数编定后，随即量好各郁口衔接处的圆周长，通常用丝篾对折法，计算好各郁口的长度，插入木斗（图4-8）。木斗为一长方形木块，上面钻有三排小孔，每排8~12个，供插丝篾时用。一般计量好了的郁口长度按头围、二围……，1号郁口、2号郁口、3号郁口……分别依秩序插入木斗，供制围时使用。插完木斗后，将脚另行放置。

图 4-7
支架

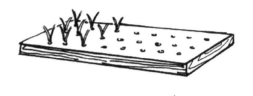

图 4-8
插对折丝篾的木斗

（2）制围 在竹制家具中，将各脚围住使它固定成一个支架的这种部件叫作"围"。为了使产品坚固耐用，一个支架往往有几道围，具体情况根据产品的需要来确定。通常是三道围、四道围、五道围。由上而下称为头围、二围、三围、四围……。三道围的产品，有三道围并在一起的，也有两道围并在一起、一道围单独固定的；四道围的产品往往是头围、二围并在一起，三围（踩脚围）、四围（底围）并在一起；五道围的产品往往是头围、二围并在一起，三围（腰围）单独固定，四围（踩脚围）、五围（底围）并在一起。不论是几道围的产品，除了因为并合面不一而编围面不一外，其余制作方法基本一致。

1）配围。多道围的产品，要根据围料的大小、质量的好坏，配备和确定各围料的位置。其方法是，先按围料的大小分开，三道围并成一起的产品，要求头围大，二围次之，三围最小；两道围并成一起、一道围单独固定的三道围产品，则应将并成一起的两道围料按照上围大、下围小固定，再将三者中最大的围单独固定；四道围的产品通常是一围、三围大，二围、四围小；五道围的产品是一围、四围大，二围、五围小，三围介于两者之间。这是一般产品选择围料时的大小安排。在质量方面，一围、二围上面一般都装有竹面，采用竹钉固定，所以在大围中要选竹材较直、竹节较平、竹壁较厚的围料用作第一道围，其余用作踩脚围。在小围中，也要选较大、较好的用作二围，其余的用作底围。确定了围料以后，再将各围按一、二、三、四……的顺序，依次放置在工作凳的一边，放置方法一般是围料头部朝下，尾部朝上，靠墙立放。

2）平围。凡是两道围或两道围以上并成一起的，为了使两围相并面密合，都必须用大刀在相并面将竹节和不平部位削平，这就是平围。要求削制面呈水平方向，平度要求以两面相并后无空隙为宜。

3）开郁口。围料上包衔支柱的口子称为郁口，郁口的开制顺序是头围、二围，三围、四围……，凡是两围或两围以上合并的围，只要最上面的一道围上好郁口墨后，以下的围就可根据第一道围的郁口照锯，称为套围。

凡是单独固定的围、两围及两围以上合并的最上一道围，都应该根据产品的规格，按设计的要求，在围料的郁口开制面用围折子确定好对应边、郁口、插闩尖、含铆筒、闩铆榫的位置和长度，其操作步骤如下：

①定边长和郁口位置。将围料郁口开制面向上，横向放置在工作凳的凳扎上，用围折子反复比照好，要求各郁口不在竹节上。然后用锯在各个边长记号部位锯一条浅口，这就定好了产品支架的各边长度和各郁口位置。

②上郁口墨。根据各郁口的号数，在木斗上取对应的郁口长度丝篾，在各郁口位置上量好长度，用锯再锯一条线。注意，因为这个郁口长度是指两端两条锯路的外径，所以上郁口墨时，丝篾的前端应该放置在前一条锯路之外另放宽一条锯路的地方，后面用锯再沿丝篾的后端锯条线，这样，郁口的长度就准确地刻到围上了。

③确定闩铆榫、插闩尖与含铆筒的位置与长度。围经过郁制绕支架一圈，通过闩铆榫，依附于插闩尖，进入含铆筒互相咬合衔接，这样不会弹开，这是一种榫合形式。榫合的插闩尖与含铆筒是一个整体，制作部位在围料的头部。因为插闩尖与含铆筒位于相对方向两个脚的空间之内，一端依靠郁口固定，另一端依靠插闩尖插入一个脚中固定，因此插闩尖与含铆筒的全长应该是相对方向两个脚的空间长和插闩尖插入脚中的长度（约1~1.5cm）。闩铆榫的制作部位在围料的尾端，长度根据本围的插闩尖来确定。它们的相互关系是插闩尖的长度与闩铆榫的长度成正比，即插闩尖长，闩铆榫长；插闩尖短，闩铆榫短。插闩尖的长度与含铆筒的长度成反比，即插闩尖长，含铆筒短；插闩尖短，含铆筒长。一般小型家具的插闩尖长是以两脚空间长度与含铆筒各取一半，大中型家具的插闩尖长一般为12~15cm，有时则根据竹节来确定。一般应在离含铆筒口部2~3cm的地方留竹节头，这样，衔接时就不易破裂。闩铆榫的长度完全是根据本围插闩尖的长度来确定的，即插闩尖除去插入脚部分的长度，就为闩铆榫的长度。其制作方法是：先根据衔接一方两脚间的空间长度做一个小折子，标上插闩尖、闩铆榫和含铆筒的长（图4-9）。

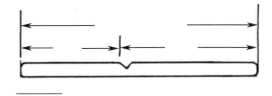

图4-9
制作闩铆榫的位置

紧接最后一个郁口，就是制作闩铆榫的位置。在制作闩铆榫时，放长0.5cm，靠插闩尖一面，是头围就锯成半圆形榫，其余的围锯成螺旋形榫。底围因不要榫，所以不要放长0.5cm（图4-10）。制作插闩尖时，将围调头，紧接1号郁口量取含铆筒和插闩尖的长度后，放宽插入脚中的长度后锯断，再以插闩尖头围留平围削制面的一边，二围、踩脚围、底围留削制面的对边，腰围无削制面，留的方向同头围一样，锯去插闩尖的另一边（图4-11a）。

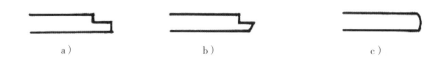

a)　　　　　　　　　b)　　　　　　　　　c)

图 4-10

几种榫的锯法

a）半圆形榫　b）螺旋形榫　c）底围不要榫

a)　　　　　　　　　　　b)

图 4-11

插闩尖的锯法

④削制闩铆榫、插闩尖。如闩铆榫的位置恰好有竹节，需用车刨将插闩尖一面的竹节车平。有时闩铆榫部位的直径大于含铆筒，则可用车刨或大刀将闩铆榫前段稍微车削小，以便衔合，调过头来，再将插闩尖部分用大刀削制成鸭嘴形（图4-11b），边沿内侧的竹黄用小刀挖空即可。制作闩铆榫时，要求鸭嘴形部分的平面垂直于郁口部分的平面。

⑤开郁口。上好各墨线（墨线指轻轻锯出的痕迹），削好闩铆榫与插闩尖后，就可以开郁口了。首先用锯沿各郁口的墨线位置锯入，锯的深度不能超过本围直径的3/5。再用大刀将所锯断的郁口部分敲掉，成一缺口。为了使支架不斜不翘，开郁口时必须做到围料的平围面向外，锯条与围料始终保持垂直，锯入的锯路与围的横断面平行，留下的各郁口面呈一个水平面。

凡是合并处的围，当上好第一道围的各条墨线以后，就可将这条墨线按对应位置套上以下各围，合并处第二道围的郁口长度与第一道围的郁口长度的关系是：四个脚的产品以第一道围的1、2、3、4号郁口分别对应于第二道围的3、4、1、2号郁口；六个脚的产品以第一道围的1、2、3、4、5、6号郁口分别对应于第二道围的4、5、6、1、2、3号郁口；八个脚的产品以第一道围的1、2、3、4、5、6、7、8号郁口分别对应于第二道围的5、6、7、8、1、2、3、4号郁口。以四个脚的产品为例（图4-12），套围时，将第二道围料并在第一道围的外侧，与平围面相合，同时横向放置在工作凳凳扎上，比好各郁口（不在竹节上），再把正中间的两个郁口之间的长度用锯移植到第二道围上（图4-12a）。将第一道围与第二道围交错向后移，使第二道围正中空间长的后面一条线与第一道围的1号郁口前端平齐，并将这条线以后的第一道围上1、2号郁口墨线依次套上第二道围（如图4-12b）。然后再将第一道围向前移，使最后一个郁口的后端与第二道围的

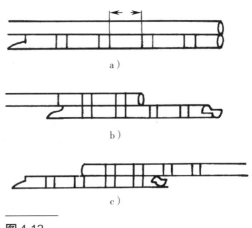

图4-12
四个脚产品的套围

正中空间长度的前一条线平齐。再将这条线以前的第一道围上3、4号郁口墨线依次套上第二道围（如图4-12c）。这样，第二道围的各郁口位置与长度就确定了。再按制作第一道围的方法制作好插闩尖、闩铆榫、含铆筒，开制好郁口。如果有三道围并在一起的，则第二道围上的郁口同第一道围是一样的，只要将两围并在一起，比照锯线就行了。

在长期的生产实践中，工人为了适应各种产品的特点，使它们更加美观，有时在制作大型沙发时，将产品合并处的第二道围改变郁制方向，与头道围的郁制方向相反，即将围的大端郁制在产品的前方，行话称为"操手围"（图4-13）。因为"操手围"两道围的郁口对应位置不同于上面介绍的情况，所以二围底围的编围面与头道围相同。套围的方法与各郁口的对应

图4-13
操手围

位置有两种。一种是两围的衔接处都在产品的后方，这一种的郁口对应位置是：四个脚的产品以第一道围的1、2、3、4号郁口分别对应于第二道围的4、3、2、1号郁口，六个脚的产品以第一道围的1、2、3、4、5、6号郁口分别对应于第二道围的6、5、4、3、2、1号郁口，八个脚的产品以第一道围的1、2、3、4、5、6、7、8号郁口分别对应于第二道围的8、7、6、5、4、3、2、1号郁口；另一种是两围的衔接处都在相互的对方，这一种只适用于四方产品，它的郁口对应位置是以第一道围的1、2、3、4号郁口分别对应于第二道围的2、1、4、3号郁口。套操手围时，先将第二道围调头，使第二道围的头尾与第一道围的头尾交错，再将两围交错相移，按对应的郁口位置套上"墨"即可（前一种因郁口是头尾相配，调头后不许移动）。

4）挖郁口。郁口经过开制成为毛坯后，接着再用小刀进行挖制，行话称为挖肩。挖制时，右手掌小刀，左手握围，插闩尖在前，闩铆榫在后，依附在工作凳上，按1、2、3、4…号郁口的顺序依次挖成两头圆、中间平，其宽保留本处围圆周的3/10。

挖郁口的工艺要求如下：

①挖制郁口应先从前面下刀，向内以圆弧状切断挖去部分。再从后下刀，向外以圆弧状挖切，挖制后进行倒角。

②各挖好的郁口面都在一个水平面上，并且与插闩尖鸭嘴面垂直。

③为了使下道工序挖竹黄时操作方便，每个郁口挖制后，都要用刀尖在郁口的后端横向切断竹黄面，其深度根据围料竹壁的厚薄来确定。

④挖黄是为了使郁口柔软，并与支架的脚紧密衔合，所以必须挖掉各个郁口内侧的竹黄。挖黄时，右手掌住挖铲，左手紧握围，插闩尖在后，闩铆榫在前，依附在左膝或工作凳上，按8、7、6、5…号郁口的顺序依次挖到留下的厚度为0.1~0.5cm为止，同时要求整个郁口厚薄均匀，挖黄面光滑。

⑤火郁口。郁制郁口以前，必须先将郁口在火上加热，使其柔软。加热时，手持围的尾端，将郁口黄面和青面轮换在火焰上摆动，待郁口软化后，在任一脚上试郁一下，使它初步定型。但应注意以下三点：一是从最后一个郁口开始，依次向前；二是郁口不能烧黑烧枯；三是为了加快工作速度，一次可同时在火上加热2~4道围的郁口。

（3）郁架　把脚和围装配成支架的过程称为郁架，其操作步骤如下：

1）试套。各围的插闩尖、含铆筒与闩铆榫通过削制，是否能够配套，应该在装配之前进行检查，行话称为试套。如围的头尾进行弯曲后，闩铆榫不能进入含铆筒进行衔合，则必须用刀进行修制，直到使它们能互相衔合为止。

2）郁围。支架郁围一般从头围开始，依次再郁二围、三围、四围……。头围的郁制是先取头围和支架的最后一个脚，在脚的头围郁口包衔处墨线向下量取头围上最后一个郁口的宽度后，用锯锯一个小衔口，使头围插闩尖插进去固定。如果脚料稍带弧形时，应该在弧形拱处一面的右侧45°。衔口的宽度应与插闩尖鸭嘴部分相适应，但不能超过脚圆周的1/3，以免影响脚的强度。锯好衔口后，将头围插闩尖插进去，依次按郁口取它们的对应脚郁制在各对应配置上，使其各墨线平齐，各对角脚的拱面相对。然后将闩铆榫套入含铆筒固定。郁制二围时，紧挨头围，同样按二围最后一个郁口的宽度，在最后一个脚的对角脚上锯一个衔口，将插闩尖插进去，依次将各郁口包衔在各脚上，然后操作者用双脚将二围衔接一方的两个支柱稍微分开，将闩铆榫套入含铆筒内。以下各围的郁制均相同，只是要注意各插闩尖的衔口位置，不能弄错。同时，有的围在开郁口时，锯条没有与围料垂直，郁口不正，郁架时，支柱左右倾斜，这样的情况应在郁好踩脚围后及时进行补救。补救的方法是：在各支柱的头围、踩脚围两边郁口处，在支柱倾斜方向的反面用锯稍锯一下，以加长郁口，矫正支柱。因郁制底围时，各方支柱不能再稍微分开，闩铆榫不能进入含铆筒，所以底围的闩铆榫应齐头锯断，不留螺旋形榫。郁制时，将闩铆榫依附于插闩尖，闩一口竹钉，随后在齐头围处将支柱多余的部分锯掉即可。

如果有的特殊产品要采用操手围做法，其基本郁制方法是一样的，只是因相并两围的郁制方向，各对应郁口位置和插闩尖衔口的位置不同。

3）闩托闩。各围装好后，为了使长期不下滑松散，要在各围之下（相并处的围在最下一道围的下面），每一个郁口部立支柱的内方，沿切角方向用钻钻一个圆孔，称为托闩孔，将托闩钉青面向外插入孔内打紧，再将露于围外的部分用小刀切断，并进行倒棱、削光，以保持美观。但应注意托闩钉两端均必须有一截留在托闩孔外，紧挨着围，以保证最大限度承受围的坐力。不能将托闩钉全部切断或托闩钉不挨着围，甚至隔一段空隙，以免影响产品的强度质量。

2.上面

"面"是竹制家具中不可缺少的一个组成部分，可供人坐、躺和放置物件。把各种竹面安装到支架上的全过程称为上面，上面又分为钉面和修面两个步骤。

（1）钉面　钉面仅指将竹面装钉到支架上，可分为打尖、平面、嵌承挽和钉压片四步。其具体步骤如下：

1）打尖。打尖就是用圆锥形的木楔从支柱的顶部打下去，使支柱顶端受力胀开，从而确保支柱与头围郁口郁合得更紧，支架紧扎结实，确保产品的质量。其操作方法是，将一段一段的全干小杉木杆削成一头大、一头小的圆锥形（锥度不宜过大），要求最小端与支柱的内径相同，然后套到支柱头围处空筒之内，用锤子切实打紧。如果支架对角长度大，就是郁口过松而造成的，要先打紧、矫正，然后再紧其他尖，边紧边量，直到支架的各郁口紧固，各对角边长度相等后，将各木尖齐头围的上平面锯断。打尖的深度，必须超过头围郁口，但又不得超过二围下的托闩钉。

2）平面。为了使竹面与支架密合平整，要将支架面部（头围处）围上的竹节、凸起处及各支柱的上端削平，使面部基本水平，支柱上端凸于郁口边的外圆弧要用刀削掉。装钉毛竹销面的支架时，为了配合竹面两端的楔形，可在钉制竹面两端的两方时，将平面削制面稍向里斜，如果头围闩铆榫在平围时被削穿，则应及时套上一个胎筒，防止钉面时破裂。平面时，大刀、小刀、木工锉可配合使用，围的竹节或不平处应两头对削。

3）嵌承挽。承挽是支撑竹面的零件，横置在支架的中间，嵌入头围，依托在竹面削路的下面。具体的嵌制根数根据产品的大小来确定，一般是2~4根。具体要求是，如果采用半圆形承挽，面部要盖住削路；如果采用方形承挽，就必须将承挽托入削路之内。嵌承挽时，一般选定头围上有插闩尖的两方为承挽嵌制方位，将头围上部靠内方锯一个缺口（背椅可嵌入其他两方），深度和宽度与承挽端部相适应，然后将承挽的弧形面向上嵌入缺口。如果是钉制竹黄面，则承挽两端嵌入后应该与围面齐平。如果是钉制毛竹销面，则承挽两端嵌入后应略低于围面，使竹面嵌入时高于围面0.1cm左右。竹青胶面是胶着在平板上，再装到支架上的，所以不需要装配承挽，也不需要竹钉和压片。

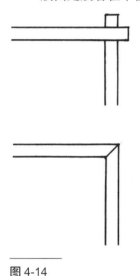

图 4-14
两压片交角处的 45° 角

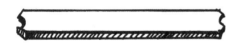

图 4-15
靠椅类产品压片锯圆弧

4）钉压片。嵌制承挽后，取同样规格的竹面、竹钉、压片，就可进行装钉。首先将竹面开刹方向与承挽垂直，放在支架面上，从竹面一端开始，将压片厚的一边向外、薄的一边向内压在竹面上，外侧与头围的外径平齐，同时操作者用左脚踩住，用手钻先从压片一端支架边内5~6cm处向下钻一个圆孔，圆孔位置应稍偏于压片宽的中心线之外，并直通二围底下，再将竹钉青面向外插入、稍紧，在压片另一端及中间同样钻好孔，插入竹钉，然后调个头，将竹面的另一端按同样方法钉上压片。这时，如果钉的是毛竹销面，由于竹钉插入竹面劈缝，表面会裂开，影响产品美观，应将压片松开一端，取出竹面，在各竹钉碍事的部位，用圆凿凿一个缺口，但缺口不能过深，以免被凿部分过短而达不到支架，同时，注意在碍事处靠竹面外沿一侧凿除，使竹面挤紧（竹黄不需凿，一次装钉），凿完缺口，再将竹面重新嵌入压片内，把竹钉打紧。接着再取压片，对其他各方一边一边地钉。其方法是：将压片按厚边边缘与头围外径平齐的要求在竹面上放好，如果遇到端部与邻边压片相撞，就放到邻边压片的上面，看准压片两端边缘都与头围外径平齐后，操作者用左手左脚配合使其固定，右手掌锯，平分两压片的交角，将两压片锯断，使两斜角相合为一（图4-14），如果密合处不清缝，可用小刀清修一下，使其密合。另一端按同样的方法打好斜角。如果是靠椅之类的产品，因脚高出面部，压片不能锯斜角，则应在压片端部根据脚的外径挖一个圆弧，依附于靠椅脚（图4-15），随即钻孔、闩钉、打紧。一般闩钉都应先预紧，等产品的压片全部装钉后，再全面进行紧钉。竹钉打紧的工艺要求是除青面外，其余三方密合无孔隙。一般小型家具每方钉2~4口竹钉，大型家具需5~7口竹钉，甚至更多。为了保证产品的美观，竹钉排布应均匀对称。压片如发生破裂，应及时更换。钉竹钉时应将竹青面朝外，否则竹青收缩力小，横置于压片会胀裂。

（2）修面　竹面装配到支架上以后，要进行修饰使产品精致、美观。修面的工艺包括割钉、修角和刮面。

1）割钉。竹钉钉紧压片后，露在两端外部的钉头、钉尾必须切除，对高出产品表面的先用锯齐压片平面锯断，再用小刀削平，下面的则用小刀削割。上下均要求光滑平齐，无毛刺，同时又不得锯坏或削坏压片及二围。

2）修角。相邻的压片两个斜角相合的部位难免会出现两边高低不平的情况，影响产品美观，所以要将高的一边修平，这就是修角。压片内角不对正时需进行修正。压片外角要修圆，弧度根据产品的大小来确定，要求大小合适、对称，以增加产品的美观性。

3）刮面。刮面包括刮竹面和刮压片面。刮面时操作者用脚踩住产品的踩脚围，双手掌小刀，在面部来回推刮，顺序是先刮压片，再刮竹面。要求面部刮平刮光，不露竹黄，干净、美观、无刀痕、无残屑。

竹制家具的一般产品（如简易的桌、凳之类）通过郁架与上面，便装配完毕。

3.几种特殊操作工艺

有些结构比较复杂的竹制家具，为了体现精湛的工艺，需要对某些部件进行火弯、榫合、花格、刮线和刮槽、着色和烙花以及雕刻等。

（1）火弯　为了使竹家具适应人们生活的需要，并增加线条的变化，丰富造型，就需要经过火弯的工艺加工。

在备料中，介绍了将刚竹材料加热后压直。火弯的工作原理和它一样，但目的却完全相反，火弯是将零件加工处理成各种弯曲形状。例如，靠背椅的靠背要向后弯曲，睡椅的扶手、坐厅要呈波浪形弯曲，圆桌的桌围要弯成正圆形，各类活动桌的脚料按设计要求呈各种弯曲状等，这些都要充分运用火弯的技术。刚竹料和毛竹料都可以进行火弯，火弯前应将材料按备料的要求做好准备。

火弯的工具是火柱，用火把加热。火柱是将干枯的废料竹梢劈细，用篾丝或草绳捆扎。火把的大小根据火弯需要用的火量来确定。将材料进行火弯时，尽管零件弯度要求不一，弯的部位不同，或弯数有多有少，但火弯的基本方法相同。操作时，将火柱斜靠墙壁竖立，操作者站在火柱之前，左手握零件，将一端插入火柱的圆孔内，使零件需要弯曲部分的前端靠近火柱约2cm的地方，弯曲面向下。右手持火把让火焰在零件需弯曲的部分均匀地、不停地来回移动，以使加热一致，软化均匀。如遇有竹节，可将火把在竹节处稍做停顿，以加速其软化。当零件开始软化，即被加热部位散发热气时，右手依然持火把继续加热，左手则握住零件的另一端徐徐用力下压。这样一边加热，一边加压，待到零件达到产品设计要求的弯度后，即停止加热。左手握住零件固定不动，右手放下火把，先取干竹绒将加热部分擦拭干净，再取湿竹绒蘸冷水在火弯的部位来回洗擦，待到冷却定型后，就可以取下来。如果同一个零件需火弯两个或两个以上的部位，就按火弯的先后次序，将火弯的部位分别插入火柱，按上述方法，一个个火制。

（2）榫合　将竹器零件加工成凸出的榫齿和凹入的孔隙而进行配合，叫作"榫合"，凸出的部分称为"榫"，凹入的部分称为"榫眼"。

榫合能使产品美观、牢固、适用，刚竹、毛竹都可以采用这项工艺。凡是要进行榫合的材料，都必须进行烘干处理。

1）刚竹榫合。刚竹榫合通常有中榫、边榫和贯榫三种，根据不同部位、不同需要而采用。例如，填补空缺或起支撑作用的撑子类，一般采用中榫；有的产品考虑结实，如睡椅扶手常采用边榫；有的要起固定作用，稳住支架，如活动桌的脚架等，则采用贯榫。一般刚竹进行中榫和边榫的榫合比较简单。

中榫的制作方法是，取备料后的撑子料，确定面部面，沿面部面一端用锯向内斜锯入圆周的3/8，再于对面相应锯入3/8，放开榫的长度后锯断（榫长一般应略短于对应配合材料内空长度加一边竹壁厚度的和），用刀将两边锯入的部分劈掉，即成为榫齿（图4-16）。

榫齿顶端要削尖，两边衔口部位的毛刺要削光。锯好一端后，按产品实际需要定好长度再锯另一端的榫齿，长度是以两头衔口凹陷下去的部位为准，开锯点应根据长度线放开衔口部位，使落锯点恰好在长度线上。配合时，用手钻在对应配合材料的对应位置钻两个圆孔，这就是"榫眼"。孔径根据榫齿的大小来确定，然后将榫齿插入榫眼。有些产品是上撑子的，因上撑子空格两边的长度已经固定，不能两端都进行榫合，应在留有竹节的一端两边对应斜向锯入，将端部锯成马鞍形，待定好长度，制作好另一端的榫齿，插入榫眼以后，再将马鞍形的一端骑附在支架上，背面闩上竹钉，使它固定。

边榫的配合是将撑子料衔接的地方锯去圆周的一半或多半，留下的另一边就是边榫的榫齿（图4-17）。配合时在配合材料的对应位置上先钻一个圆孔，再用小刀挖成与榫形一致、大小相合的孔穴，将榫插入。

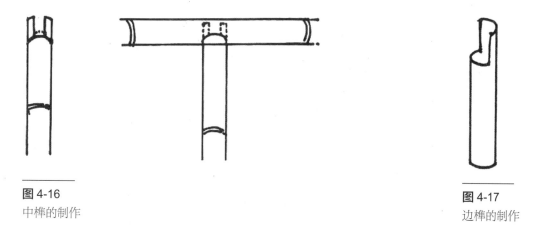

图 4-16
中榫的制作

图 4-17
边榫的制作

　　贯榫其实就是中榫，只不过榫齿稍宽、稍长，配合时贯穿于材料。它的制作方法是，按上面叙述的过程把榫齿制作好以后，在配合材料的相应位置用手钻钻好通孔，再用小刀挖成长方形孔，其进孔长度等于两个齿的宽度，出孔长度稍微小于进孔长度。然后将榫插入，用干竹头块削成楔形，嵌入中间的空处。嵌入楔形竹块时支架要正，露在外面的多余部分用手锯锯断。最后在竹模的两端各闩一口竹钉，利用竹楔将配合部位互相扯住，使其不致松开（图4-18）。

　　2）毛竹榫合。毛竹榫合是将各种规格竹片互相投榫拼合成产品要求的形状，投榫形式一般有平榫、斜榫和瓜子榫三种。

　　①平榫。平榫的制作比较简单，一般产品的毛竹片榫合都采用平榫。榫的制作是根据支架的长短要求划好墨线，齐墨线分别将竹青面和竹黄面与竹片垂直锯入0.2cm左右，放开一定长度（根据竹片宽度来确定，如穿孔投榫，则等于竹片宽度；若不穿孔投榫，则稍短于竹片宽度）后锯断，劈去青、黄两面就形成了扁形榫齿，然后在配合部位按榫齿的长、宽、厚（稍微缩小）凿一个方孔，将榫慢慢打入配合（图4-19）。

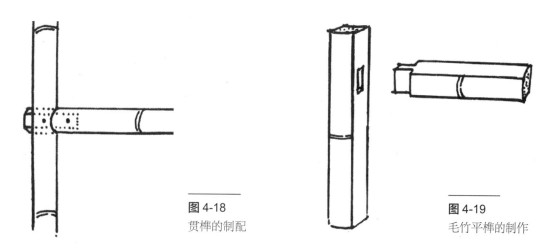

图 4-18
贯榫的制配

图 4-19
毛竹平榫的制作

②斜榫。斜榫较平榫美观，但比平榫复杂，技术要求较高，它的拼合缝等于拼合角的平分线，制作方法如下：

a.划墨线。在纵、横向竹片上按拼合要求的大小确定好尺寸，以空间长度或包边长度在竹片内侧或外侧定好两点，用拼合角的平分角度（拼合角是90°，则用45°的角度；拼合角是120°，则用60°），以定好的两点向内划斜线。

b.锯榫。在确定锯榫的竹片表面，沿斜线锯入竹片的1/4，再在黄面沿内角点垂直于竹片锯入1/4，放开榫的长度后锯断，用刀劈去锯入部分，再用锯齐榫的上面将斜角部分纵向锯入，锯到垂直于竹片内角点为止，使斜角部分与扁榫之间呈一个规格空隙。最后用小刀将榫的上下左右两侧削平削直。

c.凿榫眼。取另一块拼合竹片，在划好的斜角线内，按榫的宽度、厚度凿穿榫眼。榫眼在竹片上的位置要适中，注意与榫的上下对称，以免在配合时两块竹片高低不平。然后用锯沿表面斜线锯去一斜角，深度等于榫上表面斜角的厚度。再将榫眼削平，互相配合（图4-20）。

d.投榫。将制作好的斜榫插入榫眼，轻轻打紧配合。

③瓜子榫。瓜子榫只适宜拼合四方形，拼合角的形状表面呈两条斜线，斜线尖端在孔穴一边竹片上的中间（图4-21）。瓜子榫与斜榫相比，除表面的斜角不同，在划线时要划相互垂直的两条斜线外，其他的锯榫方法和步骤都与斜榫相同。

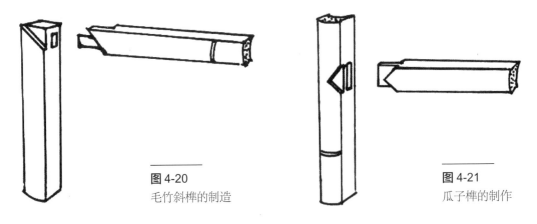

图 4-20
毛竹斜榫的制造

图 4-21
瓜子榫的制作

（3）花格　花格是竹制家具中富于民族风格的装饰。用刚竹尾、毛竹枝丫或笔杆竹经过榫拼接形成的各种形式的图案，嵌装在产品的适当部位，可使产品更加美观、坚固。

花格的形式多种多样，通常有万字花格、扇形花格、炉桥花格、人字花格、套格、连脚挽、寿字圈和冰梅等（图4-22）。

花格的操作方法比较复杂，工艺要求也很高，各种形式的花格既有共同之处，又有不同之点。它的基本制作方法和步骤如下：

1）配料。花格材料一般采用刚竹尾或笔杆竹，有时也用毛竹枝丫。制作时应按照设计要求，根据花格的形式装配花格的空间大小。花格在美观、结实的原则下，选用大小适合的材料，并要求同一个花格，材料粗细要一致。如果花格材料是采用笔杆竹，选材后应先进行刮青，以增加外表的美观性。如果采用的是刚竹尾，则需要通过备料所包括的各道工艺过程。

2）制折子。为划墨线方便，在确定花格材料的长短时，先要制个小折子，刻好各长度。

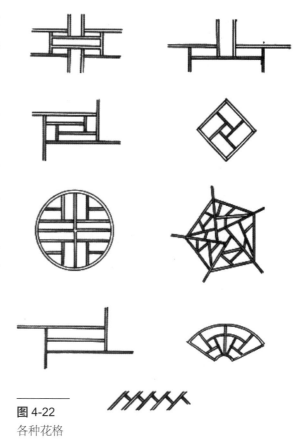

图 4-22
各种花格

3）锯榫。花格的一般组合形式是每件材料的一端与另一件材料榫合，另一端与支架榫合，中间凿有榫眼，榫合到其他材料上。为了操作方便，一般在制好折子以后、划墨线之前，将所有花格材料的一端锯好榫，榫合形式采用中榫。

4）划墨线。将一端锯好样的材料分别确定安装位置和开榫眼的位置，用折子上的相应长度比好，划上墨线。量制长度时，锯榫一端以两边衔口凹入部位为起点。

5）凿榫眼。先用小刀在划墨线的部位切断表面层，向后放开榫的宽度之后，再切断表层，将两个切口中间的表层部分去掉，再用小方凿凿一个榫眼，但不要凿穿，孔内残屑要挑干净，榫眼的大小要与榫对应，不能过大使配合过松，也不能过小在榫合时胀裂。

6）投榫。将锯好榫和凿好榫眼的花格材料按花格形式相互投榫拼合，即成为花格雏形。投榫时，要反复检查榫合情况，不合要求的要进行修制。

7）嵌装。首先把花格放在需要嵌装的部位上，花格未嵌入榫眼的一端，分别指向支架的相应方位。通过校正，使各方空间均匀后，随即用左手压紧花格，右手持小刀分别在材料指向支架一端的地方划上线，定好长短。再在支架的相应位置上划两条墨线，确定榫眼的位置。然后用钻钻好孔，将花格从左至右陆续拆开，依秩序一根一根按所划墨线，在材料嵌装的一端锯好榫，装上支架，直到最后一根，即齐墨线锯断，骑附到支架上，在后面闩上竹钉便安装完毕。

一般花格的装配要求是花格要紧、要平，对应空间一致，榫合清缝无毛刺。

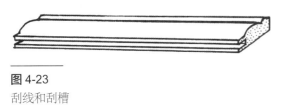

图4-23
刮线和刮槽

（4）刮线和刮槽　某些产品在装配面篾时，需用槽片，为了使槽片美观，可将槽片面部的边上刮圆，称为刮线。刮槽与刮线分别使用槽刮与线刮。刮槽的方法是：操作者将槽片的一端放置在工作凳上，另一端用腹部顶住，将槽刮和卡榫（起定位和固定作用的卡了）靠在槽片面部，调节刮槽钉位置，再双手握槽刮，在面部侧面推槽，直至达到要求为止。刮线的方法基本和刮槽一样，只是线条刮在面部上，卡榫靠于面部侧边，刮线的要求是边沿凸起点要圆，线条要直（图4-23）。

（5）着色和烙花　为了使产品表面色彩斑斓，色调别致，增强艺术感，在实践中，竹艺人员经过反复试验，成功地采用了竹材的着色与烙花等工艺。通过这些工艺，使得竹材变色，披上了美观的斑点与花纹。现将着色和烙花的基本制作方法介绍如下：

1）着色。着色是将竹材放置到工业用硝酸中腐蚀表层，再经过石灰水中和，就能使竹材变红。由于硝酸具有强烈的腐蚀性，操作时应特别注意安全，操作者必须穿戴耐酸的衣裤、口罩、鞋套和手套。操作时可用耐酸槽装硝酸液，用耐酸夹将竹材放置到溶液中，浸泡3~5s后取出用水洗净。如果竹材过长，耐酸槽装不下，则可用耐酸的材料做个抹布，绑在竹把上，蘸硝酸液在竹材上洗擦。经过硝酸腐蚀的竹材，用冷水洗净后，再放入石灰水中浸泡，浸泡时间根据石灰水的浓度来决定。当浸泡到竹材颜色达到要求时，就应取出来。

2）烙花。烙花就是将竹材表面通过加工，烙上各种规格的花纹，以增加产品的美观性。烙花的方法多种多样，下面着重介绍以下两种：

①硫酸水烙花。硫酸水烙花一般用于毛竹。方法是先将工业用硫酸液兑于水中，成为硫酸与水的混合液。烙花时，先将混合液涂到竹材表面，然后蘸稀泥点到竹材上（稀泥中可掺入少量石灰）。因为泥点的分布就是烙花花点的分布，所以在点泥点时，要求泥点间隔基本均匀，大小基本一致。点上泥点后，再将竹材表面放到火焰上烧制，等泥点烧干开始自然脱落时，将竹材取出用冷水洗净。这时，竹面上就显现出黑色花点。如果采用硝酸液烙花则花点呈红色。有时，因烙花竹材的干湿度不一，酸

水混合液的配制比例也应进行适当调整，原则是竹材的含水率越高，混合液中酸的比例就越大。

②花纹板烙花。花纹板烙花一般用于刚竹。其方法是根据花纹设计的大小式样，先雕制一个花纹板，材料采用铁板或钢板。将花纹板放到煤火中烧红后取出，再把竹子的烙花部位放到板面上，右手用一铁块使劲压住竹子，左手捏住竹子，两手配合在花纹板上滚动。经过烙制，竹子上会现出与板面上相同的花纹。烙花时，滚动速度要一致，烙制时间根据火度大小来确定。

(6) 雕刻 雕刻是一项美术工艺，有线雕、浮雕、单色和彩色等。竹青和竹黄都可以加工。雕刻是一项工艺精细、技术性强的工作，要求操作者不但具有雕刻的技能，而且还必须具有绘画的知识和技巧。

（三）产品的喷漆与抛光

产品经过装配成形后，为了增加美观性，可以在表面喷射一层均匀、光滑、透明的漆膜，即喷漆。喷漆是由电动机带动空气压缩机，利用喷枪来进行的。喷射采用的漆由香蕉水和清喷漆混合而成，配料比例为1份清喷漆兑1.6份香蕉水。在操作之前，要先检查操作机械各部位是否完好，将准备喷漆的产品摆在一定位置，并抹去表面的灰尘。

喷漆的操作步骤如下：

1) 开动空气压缩机，待气压上升到4个工程大气压（即39.2N/cm^2）以上，才能开始工作。

2) 先从产品竹面喷起，再喷架子，除竹面只喷表面外，其他部位要面面俱到。

3) 一般产品，喷射一次，高档产品，必须喷射2~3次。重复喷射时，要在前次喷漆干透后才能进行。喷漆时，要求漆膜均匀，不漏空，不发白，不生斑点。

喷漆的注意事项如下：

1) 香蕉水、清喷漆都是易挥发、易燃烧的物品，保管必须慎重，注意安全。包装要盖严，喷漆房严禁吸烟和引入易燃品。

2) 喷漆时，发现喷液里有渣屑、沉淀物时，要马上过滤。

3) 如果空气湿度太大（如雨天）时，不要进行喷漆，以免喷射后漆膜发白。万一要喷时，则必须提高室内温度或在喷液中兑入防潮剂。

经过喷漆的产品，如果还需要增强光洁度，则可进行抛光。抛光时，先开动抛光机，将砂蜡和白蜡分别涂在白布轮上，然后双手握住产品，将竹面轻轻与布轮摩擦，先擦砂蜡，再上白蜡。操作时，注意手要轻、匀，不得漏空，不得碰伤边角。抛光时要待喷漆全干后才能进行。

二、小郁竹家具制作工艺

小郁竹家具品种繁多，归纳有凳、椅、桌、架、柜、床、枕、灯具、屏风、婴幼儿用具10大类。在制作过程中，花色上不断创新，使传统产品更富于变化，显得千姿百态，它既是朴素大方的实用品，又成了蜚声中外的工艺美术品。因此，如何熟练掌握小郁竹家具的制作技法，生产出高质量的产品，就成了竹器工人精心钻研的课题。

（一）大号四方凳

大号四方凳是小郁竹家具中最常见的传统品种，结构简单，制作过程也不复杂。但要把它做得坚实牢固，达到紧、正、光、平的技术要求，也需要操作者具有扎实的基本功，并且在操作过程中要高度注意。

四方凳一般有大号、中号和小号三种，大号四方凳用得较多，其制作步骤如下：

1.制作支柱

选取四根直径为30~35mm的刚竹，按510mm的长度锯断（以头部最佳），作为四个支柱的备料。在留有竹节的头部一端，根据踩脚围的高度分别划好墨线，然后，按照一、二、三、四的顺序编上号。

2.制围、郁围、成架

选取四根直径近似于支柱的刚竹料，对刚竹料的部位没有特殊要求，中部或尾部都可以，按照1350mm的长度锯断，作为四道围的备料。根据工艺要求，将各围的相并面削平、削直。按照产品的规格尺寸，在各围上开制好四个郁口，并削制好插闩尖和闩铆榫，将各道围依次郁合到支柱上，并上好托闩钉，制作好支架。

3.加木楔

选直径略大于支柱的普通全干木料，削制长为40mm左右的锥度木楔，大头略大于支柱的内径，分别从各个支柱的顶端向下楔入，深度以不超过二围为限。将四个木楔打紧后，支架就更加紧、正了，然后平支柱顶端将木楔锯断。

4.将头围的座面削平

没有插闩尖位置的相对两方要削得稍向支架内侧倾斜，以便于安装竹面。

5.削制嵌装承挽

选取290mm长的竹头块，削制两块方形承挽，嵌装在头围有插闩尖的相对两方。

6.安装竹面、压片

选取无节竹筒，劈开拼成约275mm宽的竹面（具体宽度根据支架相应方内空的长度来决定），刨面后放置到支架上，注意劈开方向与承挽相垂直。削制长约为350mm、宽约为33mm、厚约为8mm的压片四块，两端都要锯成45°的斜角。另外取干燥的无节竹筒削制压片钉，配合压片紧固竹面。

7.修面

将竹钉的头、尾削平，压片竹面刮光，四角修圆。这样，大号四方凳的制作就算完成了。

（二）直条弯背中靠椅

直条弯背中靠椅是一种比四方凳精巧的产品，由于造型美观，制作精致，坐用舒适，成年人和儿童使用都比较适宜，所以在市场上比较受欢迎。

1.制作靠背支柱

选取两根直径为25~28mm的刚竹，在头端按644mm的长度锯断，作为两个靠背支柱。注意下端都要留有竹节。将上端按图样设计的要求进行火弯处理。在下端分别划出头围郁合位置和踩脚围郁合位置的墨线，并将这两根支柱分别编为一、二号。

2.制作前支柱

选取直径为25~28mm的刚竹，锯两段长为310mm的料作为前支柱。注意下端留竹节。根据头围、踩脚围的位置，在其郁合部位划好墨线，并把这两根前支柱编为三、四号。

3.制围、郁围、成架

选取四根长约1280mm的刚竹作为围料，直径可以等于支柱料。按工艺要求，将两围的相并面削平、削直，分别开好郁口，削好插闩尖、闩铆榫，郁合到四个支柱上，组成支架。安装时要把插闩尖的位置安在左右两边，既保证产品美观，又便于操作。

4.嵌承挽、钉面、上压片

取毛竹头削制两块方形承挽，嵌装在支架的靠背方向，然后按照尺寸劈制好竹面，刨面后配，钉好压片。

5.安装靠背片和直条竹片

选取两块长约300mm、宽约30mm的竹片，进行火弯处理，弯度要适中，并削制好，作为靠背片。在上下两块靠背片的内侧各钻一排小孔，孔径以4mm较为适宜，孔深一般约8mm，孔距约16mm，按设计要求的尺寸将靠背片安装到靠背柱上。安装顺序由下而上，在上片的两端分别闩上竹钉。取长度与上下两块靠背片距离相适应的无节竹筒，削成宽14mm左右、厚2~3mm的薄青竹片，并将两端削尖，利用竹材的弹性加力使其弯曲插入上下两块靠背片的孔内，产品即制作完毕，最后进行清洁、修整处理。

（三）竹青花格办公椅

竹青花格办公椅是椅类产品中的高档品，制作过程中既运用了传统技法，又采用了竹青贴面等新工艺，产品美观大方。

1. 制作支架

本产品同前面叙述的直条弯背中靠椅一样，也安装有靠背，其支架的制作方法及工艺程序都与直条弯背中靠椅相同，只是断料时的规格尺寸不同。

2. 装配踩脚片、花格、拱门

支架制作好后，根据踩脚围用材的大小及四方的空间长度，削制四块相应的竹片作为踩脚片，装配到踩脚围上。取材料做成中榫，在支架的前方及左右两侧制作好花格框，根据设计的要求，将花格装配好。在支架的后方装配拱门。

3. 制作、装配竹青椅面

选取厚度不小于10mm的木板或胶合板，锯成长、宽比支架相应方向各小10mm的规格，一面胶粘竹凉席，在四沿用竹头镶边并进行修饰，然后用螺钉将座板固定到支架的椅面位置，在木板上胶粘好竹青面，修饰刮光。

4. 安装靠背

先在靠背下端安装一根横撑，依次将上面靠背片和中间靠背安装好，接着按照设计的要求，安装好花格，产品即制作完毕。

（四）竹青花格活动八方桌

竹青花格活动八方桌是小郁竹家具中的高档产品，它在设计上的最大特点是能够拆装，运输方便。其工艺复杂，制作精细，选材考究。

1. 制作桌面支架

制作竹青花格活动八方桌时，一般先做桌面支架。选取直径约30mm、长度约136mm的刚竹八根，作为桌面的支柱料。取两根长约2582mm，大小与支柱相适应的刚竹作为围料。在这两根围料上按规格各挖制八个郁口（按照八方郁口的工艺要求），与八根支柱郁合，组成桌面支架。为了增加强度和美观性，在各方安装的内框嵌装花格，然后配好竹青桌面。

2. 制作桌架

桌架是装配桌面和安装各方附件的重要部件。先取直径约30mm、长度约740mm

的刚竹四根，作为支柱料，按照设计的要求进行火弯，并使其达到规定的尺寸。然后在各个榫的部位分别凿榫眼。接着装配横档，为了达到拆装的设计要求，其中有一对角方向的横档为活动的。取两根直径约20mm的刚竹，一根长约636mm，另一根长约675mm，分别作为上、下固定横档，榫合到两根支柱上，在上、下横档的中点开槽，固定安装绞连竹片。取四根直径约20mm的刚竹，两根长约278mm，另两根长约297mm，作为上、下活动横档，一端榫合在支柱上，另一端装配到固定横档的绞连竹片上。

3.装配撑子、花格和活动内框

根据图样的规格尺寸和设计要求，在每方支柱的上、下横档间装配直撑子，在直撑子与支柱之间安装横撑子，在空间嵌装花格。为了保证支架牢固，在下方安上塞角。然后在四方分别装配活动内框，这种框可以拆装，装上去则使支架固定。活动内框的制作方法是先制作四方骨架，再安装拱门、花格，制作固定栓与活动栓。

4.配制下面的搁板及支柱、桌面下的金属套

根据支柱下横档间的内空配制搁板，兼有美观和放置物件两种功用。搁板的配制只要尺寸符合要求，花格的设计可由制作者确定。为了保证四个支柱不受损伤，可以在下部安装金属套。最后在桌面下安装四个金属套，以与四个支柱套合，因此位置应与四个支柱对应，内径应能套装四个支柱，并在套上及支柱上钻孔，以便栓钉连接固定。这样，竹青花格活动八方桌即制作完毕。

（五）四层活动书架

竹制活动书架既轻巧，又美观，且方便、实用，在市场上颇受欢迎。这种产品的具体制作步骤如下：

1.制作后页

选取两根直径约30mm、长1140mm的刚竹，作为后页的支柱。根据产品的规格尺寸在两个支柱的相应位置制作安装横档的圆榫眼。选取八根直径为20mm的刚竹，锯成790mm长，作为横档的备料，并钻孔，其中安装在上下方的两根钻边孔，其余六根钻通孔，再由下至上榫合到后页的支柱上（最上面的一根不装配），在钻孔内插进箭杆竹，将最上面的横档上好，闩上竹钉固定。

2.制作侧页

侧页的制作方法与后页相似，其区别一是规格不同，二是横档用料不同。侧页最上面的横档用圆筒刚竹，其余都用竹片削制的耳片连接。耳片除了起横档的连接作用外，更重要的是承托各层托板。

3.制作托板

托板共有四块，每块的制作方法相同。选取一根直径约18mm、长787mm的刚竹，作为托板的后横档，按产品规格尺寸制作好槽片和承挽的榫眼。取一根直径约22mm、长743mm的刚竹，作为托板的前横档，也按规格尺寸制作好槽片与承挽的榫眼。取竹片削制两块长253mm、宽25mm、厚8~10mm的槽片，两块槽片的内侧都要钻好插装托板竹片的孔。再削制两块长245mm，宽25mm的竹片承挽。然后将槽片、承挽榫合到前、后横档上，闩上竹钉固定。最后取竹筒劈削托板竹片，插装在槽片内及托板上，闩金属钉固定。

4.组装成品

选取两根直径为30~35mm、长度为1140mm的刚竹，按照产品的规格尺寸，在安装托板的位置制作圆孔，孔径根据托板的后横档大小来确定，要求与四块托板组合后成为动配合，然后用竹钉将这两根竹柱固定到后页支柱上。再取两根直径约为25mm、长度与上面相同的刚竹，均在两端约200mm的部位锯断，插入一节长约70mm的小竹竿（直径根据被插刚竹的内径来决定）作为转动轴心，将两端锯断部分与后页支柱榫合，中间部位与侧页后支柱榫合。这样，四层活动书架即制作完毕。

（六）茶具柜

茶具柜是一种创新的中档产品，造型新颖，线条富于变化，有较强的艺术感，深受消费者的好评。因支架的隔层多，分层支架的支柱有的一端悬空，制作时的难度较大，因此对操作者的要求比较高，必须严格按照工艺规程操作，以保证支架的紧、正。

1.制作支架

选取四根直径约30mm的刚竹，其中两根长1730mm，另两根长1630mm，作为产品的支柱料。选取三根直径约30mm、长约2950mm的刚竹，作为围料。根据产品设计的规格尺寸开制郁口，与支柱郁合组成支架。然后按照各层架子的尺寸，选好支柱料和围料，注意支柱的一端都应制作中榫（底层的支柱应先嵌承挽，钉槽片，装好板篾后再进行装配），在规格尺寸部位进行榫合，并郁好围料，制作好支架整体。

2.嵌承挽、钉槽片

在各层支架上嵌承挽时，为了保证产品的强度及美观，采用两块方形承挽相并的办法。承挽嵌装好以后，即在支架的相应位置按照要求钉好槽片。

3.装壁篾、腰板篾

各层支架上的承挽和槽片装配好以后，就要装配竹片了。竹艺工人称直立安装的竹片为壁篾，平面安装的竹片为腰板篾。按照规格削制好竹片以后，就可全部安装上去。

4.安装撑子

各层支架上支撑在两支柱间的零件叫作撑子。它有两个作用：一是加固支架，使支架更加结实；二是在撑子上安装花格，增加产品的美观性。它在两支柱间的连接方法：一端采用中榫，榫合在支柱上；另一端削制成碗口形，与支柱衔合，然后横穿支柱闩竹钉，在撑子的内径连接紧固。为了使撑子连接牢固，在备料时必须保证削制碗口形的一端留有竹节，这样在闩竹钉时才能达到紧固的要求。

5.配装柜门、抽屉

茶具柜柜门的装配方法是将每页柜门一侧的两端安上轴心，并用压片夹住上下轴心，同时嵌装于柜门面的空间，将压片闩上竹钉固定，再在门上安装拉手。抽屉的框板是用木板和胶合板制作的。为了保证产品的美观性，可在抽屉外面的木板上贴上竹青。

6.嵌装花格、拱门和竹黄板

在安装了撑子的部位，根据设计的要求嵌装花格。对照图样上支架相应方向的空间配上拱门（材料用小杆竹或藤条）。在顶层嵌装绘有图画的竹黄板。这样，茶具柜即制作完毕。最后还可进行必要的整饰。

（七）立式屏风

屏风的屏壁上配有各种图案及画面，装饰美观，适于宾馆、招待所、餐厅、展览厅、家庭及会场等摆放。

1.制作屏架

选取两根直径约33mm的刚竹作为支柱，长度根据需要的高度来确定，一般约为1800mm。另外取直径约17mm的小竹竿作为横撑，长度按屏架的宽度来确定，一般约400~450mm，横撑数目可多可少，只要结实便于进行下一步的装饰就可以了。

2.制作屏壁

一般在屏壁最上层与最下层的横撑空间安装花格。中间部位有板式的，有花格的，也有安装绸、纱等纺织品的。板式的一般制作方法是，按空间大小嵌装胶合板，在两边表面蒙上竹帘或粘上竹青，再绘制山水、人物等画面。一般在壁下角安装花形图案的塞角，除保证屏壁的强度外，还可增加艺术感。

3.连接屏页

单块屏页制作好以后，要一块一块连接起来，连接多少视需要而定。一般采用铰链连接，铰链装配在上下两端，有金属的，也有竹材的，通过两孔用木螺钉连接屏页。

第二节　大郁竹家具工艺

以毛竹做骨架而制成的各种家具称为大郁竹家具。因为品种较多，规格较全，原材料资源丰富，制作技术也不复杂，产品经久耐用，与木制家具及金属家具相比，价格低廉，故在竹制家具中占有重要的位置。

大郁竹家具现有大小不同、式样各异的产品数十种，如竹椅、竹床、凉板（均有大、中、小号）、睡椅、靠椅、围椅、平头椅、小儿摇床、枷椅、书架和碗柜等，都是深受消费者欢迎的产品。

大郁竹家具也和小郁竹家具一样，只要掌握了制作基础工艺，就能根据设计的要求生产出多种产品。

一、大郁竹家具基础工艺

（一）选料与下料

大郁竹家具的主要原材料是毛竹。根据产品的大小和质量要求，对原材料首先要经过选定，然后再锯断供操作。

1.选料

一般来说，毛竹的鉴别主要有形体的大小和材质的好坏之分。

在竹材大小方面，应该按照产品的大小和产品各零件的大小来选用竹材，如凉床的面篾、厅、脚这一类部件就必须选用较大的毛竹；踩脚挽、批挽这一类零部件可选用小毛竹或利用竹尾；如插手椅的厅、脚之类零件比凉床的厅、脚要小，可选用小毛竹；而配装的承挽、扯挽之类，就要选比厅、脚更小的材料。总之，应按照需要选配备和综合利用大小竹材，做到大材大用、小材小用，防止和减少材料的浪费。

从竹材的质量来看，断梢竹、边枯竹、虫伤竹和存放过久或保管不善而腐朽变质的竹材，都不能使用，以免影响产品的质量和使用寿命。

2.下料

选好了竹材，就可以开始下料。下料之前，先要根据产品的不同规格、不同式样和不同结构，制作一条单项产品标本尺，将各项零件的长度，如厅、脚、承挽、扯挽、踩脚挽、面片、销篾、竹面等的长度都刻到尺上，作为下料时的依据。

下料时，首先根据毛竹头、尾的特点，确定好各部位如何利用，即先下什么零件，后下什么零件，然后按照先后依次断开。

（二）开坯与削制

通过选料与下料以后，就可以开坯削制零件。由于对零件的要求不同，有的零件（面篾、压片、厅的上半面）就需要车节、刮青，这几道工序应该在开坯削制以前进行，先按要求车好节，刮好青。

1.承挽

承挽是安装在竹床或竹椅的厅上，承负床面或椅面的零件，需要有一定的抗弯耐压能力。常用的有半圆形承挽和扁形承挽两种。半圆形承挽的削制方法是，右手握持大刀、左手握持材料，将竹筒一劈两开，再将竹黄面分别从材料的中点部位往两端削，削成中间稍高、两端稍低的弧形，要求弧线圆滑，两端的弧度基本一致。扁形承挽的削制方法是，先将竹筒劈成宽度符合实际需要的承挽坯，再用大刀将两边削正，两端要削得比中间部位稍窄、稍薄一些。两种承挽都要求宽度基本一致。

2.扯挽

扯挽安装在产品的两端或两侧，投入"脚"的榫眼内，起固定"脚"与支架的作用。式样有两种：一种是片状扯挽，就是将毛竹筒劈成多块，宽窄根据产品大小来确定，然后用大刀将竹片的黄面削平，两侧削直、削正；另一种是利用小圆竹来做扯挽，称为圆扯挽，这种扯挽不需要削制，只要按长度锯断，两端倒角即可。前一种扯挽的安装形式一般是两块呈十字交叉安装或一块单独安装；后一种扯挽是两根平行安装或一根单独安装。

3.压片

压片就是压在竹面两端的竹片，用来固定竹面和遮盖竹面端部与支架间的间隙，确保产品外表的美观。因为压片的位置在产品的面部，所以要求车节、刮青，削制的要求也比较高。其操作的方法是，先将车节、刮青的竹筒劈成宽度符合实际需要的毛坯，再用大刀将毛坯料的竹黄面削平，两边侧平面削直，然后在竹青面的两侧各刮一刀，以使边的角呈圆弧状，既美观又不刮手，厚度适当，厚薄均匀。

4.靠背片

靠背片是安装在椅类产品靠背上的零件，起紧固产品、支撑人体和增强舒适感的作用。它的形状及削制方法与片状扯挽基本相同，只是尺寸不同和削制的要求较高，主要区别在光滑和平直两个方面。因为靠背片是装配在支架的上面，所以要求车节、刮青、削制一些花样，如弧形、曲线及菱形缺口等，以增加产品的美观性。

5.踩脚挽

踩脚挽是安装在产品前后两方，供人踩脚用的一种零部件。一般使用小圆竹或毛竹尾制作，形式相同，只是长短、大小不同。削制这种零件时，只需要将已经下的踩脚挽料两头稍微削小，竹节上稍去一层粗节就可以了。

6.插挽

插挽是插手椅上固定靠背的两根直柱，呈圆柱形。为了便于安装配合，插挽下端（即插入椅脚和圆柱扯挽部分）要用大刀砍削成楔形，上端头部用车刨稍微车小一点，便于与孔榫合。

7.竹面

竹面安装在产品表面，其作用是供人坐或睡卧。要求其表面光滑、平整，必须车节、刮青。根据产品的不同规格，竹面相应也有大有小。大小竹面的制作方法基本和小郁竹家具的毛竹销面相同。所不同的是大郁竹家具的小型竹面（即两端交错劈刹的竹面）不用打销，直接用承挽和面片压紧成形。根据大郁竹家具的特点，竹面制作与其他零件制作的先后顺序有两种：一种是大型产品（如凉床、凉板等），要先制作架子，再制作竹面；另一种是小型产品（如凳、椅之类），则是先制作竹面，再制作架子。所以，把竹面先做成一种零件准备好待用的，一般是指小型竹面，将竹筒劈刹成板面，放置一边待装。大型竹面，只需要先将材料车节、刮青处理好，放置一边，待做成架子后再制作竹面。

8.竹钉

竹钉是制作大郁竹家具时的主要紧固件，与孔相配合，固定各接合部位。它的形状、技术、工艺要求和制作方法都与小郁竹家具所用的竹钉相同，只是根据产品的需要有长短差异而已。

以上介绍的各种零件，都是一般大郁竹家具的常用零件，根据产品的不断改进、创新和品种的增多，零件的式样也不断增多和改进，但只要操作者运用掌握了基本操作方法，按照设计的图样，各式各样的零件都是能够制作出来的。

（三）装配

1.成架

将产品的各个零件组合成一个整体时，必须先打好支架，这道工序称为成架。成架后就确定了一个产品的基本形状，架由厅、脚配合承挽、扯挽连接构成，其制作的步骤如下：

（1）平厅　一个支架通常有两根厅，为了便于操作，在成架的过程中，习惯性地将配置在右边的厅称为大厅，配置在左边的厅称为小厅。平厅以前，首先要进行配厅，确定厅的郁制方向。配厅的方法是，选择两个大小基本一致、弯直基本相同的厅，稍微大的为大厅，稍微小的为小厅。配厅时，右手握持大厅的尾端，头端向下，左手握持小厅的尾端，头端向下，然后两手将大小厅并在一起，拱面都朝下，稍微向内侧的两面相挺，力求两个厅表面高低一致后，两厅的相对面就是承挽投制面，朝上的一面为表面，朝下的一面为背面。平厅就是首先将厅的承挽投制面全部用大刀削制出平面，下削深度不要超过竹壁厚度的1/3，然后再在厅的背面离两端各10cm处削制一个短平面，便于郁制时衔合。两厅初步平制以后，按配厅的方法，将两厅承挽投制面并在一起，并检查平厅面的直度，要求基本清缝，如发现局部过弯时，应削直。

（2）平脚 平脚定向与平厅定向的原理基本一致，但也有不同之处。在配脚时，首先要确定大小脚，原则是固定在两个厅头端的为大脚，固定在两个厅尾端的为小脚。平脚时，首先要选择竹节较平的面为郁口面，它的反面作为郁口开制面。确定了郁口面和郁口开制面，就可以开始平脚。平脚的方法是，左手握持脚的尾端，右手握持大刀，平大脚时，将脚的表面朝上，在右侧从上至下削制出一个平面，就是与小脚相对的一面。将表面向左转90°，在右侧郁口开制面削制出一个平面，然后再将脚向左转90°，将表面的另一个侧面轻刮一条线，作为表面的另一个侧面记号和开制郁口时深度的基准线。平小脚时，则将表面朝下，在右侧削制出一个平面，就是与大脚相对的一面，将表面再向左转90°，在右侧面（郁口开制面）削制出一个平面，然后再将脚的表面转向朝上，将另一个侧面用同样的方法轻刮一条线，平脚即可完成。

（3）上墨 在平好的厅、脚上确定安装位置，刻划上记号，这道工序称为上墨。上墨时，如果是大型产品，就需要将厅、脚的两端放在竹马扎和一条长凳上，人站在中间上墨；如果是小型产品，则可坐在工作凳上，将厅、脚依附于凳扎上墨。

上墨的方法是，将刻有各零件安装位置的标木尺比靠在厅、脚上，按尺上的刻度，从小端至大端，用锯在厅、脚上轻锯一条线（这条线就叫作墨线，又名中墨），作为郁口和各零件的安装位置。

（4）开郁口 郁口郁合在各厅的端部，所有郁口的长度取决于各材料直径的大小。根据长期的实践经验，大郁产品的郁口长度，就是厅端两个互相垂直的直径的9/10相加。其具体的操作方法是，将厅、脚放置在竹马扎和长凳（工作凳）上，右手握持大刀，左手握持厅，使厅与这个郁口的对应一端朝下，对着郁口开制面，先取一个方向的直径的9/10的长度，靠在对应郁口墨线的右边，用大刀划上一条墨线。然后把厅旋转90°，将另一个垂直方向直径长度的9/10靠在郁口墨线的左边，同样划上一条墨线，这两条墨线之间的长度就是郁口的长度。在操作中，一般厅的郁合部位总有圆和扁的差别，脚的郁口开制部位总有弯和直的差别，各竹材总有老和嫩的差别，这些因素都会影响郁口的松紧，直接关系到产品的质量。因此在确定郁口长度时，以扣墨的办法来进行调节。脚的拱面开郁口扣墨少，弯面开郁口扣墨多；竹子老扣墨少，竹子嫩扣墨多，扁厅扣墨少，圆厅扣墨多。扣多扣少的长度约1~2条锯路宽。在开制郁口时，为了使郁口不致混乱，规定大脚的头端郁合在右厅的头端，大脚的尾端郁合在左厅的头端，小脚的头端郁合在右厅的尾端，小脚的尾端郁合在左厅的尾端。

按上述方法确定好郁口的位置与长度以后，就可以用手锯沿着郁口的长度线锯入脚的圆周的2/3，要求锯路正、直、不偏斜，垂直于竹筒下锯，以免支架不正，再用半圆凿凿除所锯部分即可。

（5）凿孔　将上述已准备好的厅、脚凿孔，便于在成架时一次投榫。大郁产品的榫合形式一般是先在被投榫件上按投榫件的端部形状凿孔，然后将投榫件插入榫眼内并闩上竹钉。在凿厅上的孔时，如果是小型产品，则在凿完孔以后，将承挽、压片和竹面一起安装好。操作的方法是，先将厅摆放在地上，表面朝内，操作者坐在工作小凳上，两脚踩住厅，左手握紧圆凿，右手握紧锤子，在厅的平线面，根据零件（承挽和压片）形状大小按所划墨线的位置凿孔。为了能够压紧竹面，凿孔时要注意使承挽孔的顶面和压片孔的底面在厅的一条直线上，即一个平面上，承挽孔在中线以下，压片孔在中线以上。凿完孔后，将承挽投入厅的承挽孔内，在厅的尾部投上压片，并投上左厅，放进小脚的郁口内靠紧。再将竹面安装配满两厅之间的空间，然后将另一压片一端投入厅的孔内。操作者左脚踩住压片往下压，将压片另一端投至对面厅孔内，用锤子打紧，再去量两个郁口的距离，看是否适当，如发现椅面篾刹过多或过少，应立即增减，然后用郁镰把椅面刮平。如果是大型产品，则凿好孔以后，只要将承挽投入孔内，待成架后再做竹面。在凿承挽孔的同时，要在承挽孔的上方凿一个长方形孔，以便插销篾时使用。

脚开郁口后，也要先凿孔，其凿孔的方法与凿厅相同，按所划墨线凿出长方形或圆形孔后，再将脚的郁口两端凿成圆形。郁口的宽度按脚的直径来确定，要求两个郁口面成一条直线，然后在郁口左端内横向切断竹黄面，下切的深度为竹壁厚度的1/2左右，以不切伤郁口表面为宜。

（6）挖黄　为了与脚郁合时能密合、清缝，必须从郁口内挖去一层竹黄面。操作的方法是，在脚的郁口切断竹黄面后，操作者左手握郁镰放在郁口内，锤子在郁镰的柄上往左打，当郁镰的刀口被锤子的冲击力推进到切断了竹黄的刀口处时，竹屑自行断落，按照同样的操作方法，挖完两边再挖中间，挖去竹黄后郁口的厚度一般为2~3mm。挖去粗黄以后，再用两手握紧郁镰，在郁口内反复挖削，进行精加工，直到挖平、挖匀、厚薄一致、光滑无残屑为止。

（7）成架　成架就是将加工好的各个零件郁合成床架或椅架。在郁架时，必须先做好准备工作，将工作岗位的四周打扫干净，各种零件和工具要摆放在顺手的位置，将厅架放在较宽的地方，表面朝下，如果是大型产品，先要用绳子将小端系紧，以免郁制时松散，再在离郁架不远的地方生火，然后开始成架。

成架的方法是，先将加工的大脚（床脚或椅脚）郁口及郁口两端放在火焰上左右翻滚，来回摆动，使其受热均匀。待到烧去油质，郁口开始柔软时，用竹绒趁热擦干净，再烧另一端的郁口。待两端的郁口同样柔软，除去油质后，立即郁合在厅架头端。操作者用脚踩住厅架，先将右边扳起，再将左边扳起，郁合拢后两手用力一翻，使厅架表面朝上，用大刀在脚郁口的附近打紧合缝，将扯挽装入脚的孔内，再用麻绳在两个脚上交叉绕一圈后扯紧。这时，要仔细检查两郁口的松紧度和两脚的正斜度，如果发现不符合要求时，应立即用锯进行纠正，然后取手钻钻孔闩紧扯挽。

郁小脚时，先要将踩脚挽一端投入大脚内，再去烧脚，其方法同上。郁架时，将扯挽、踩脚挽或其他零件一齐装入孔内，闩上竹钉即可。

2.整装

（1）销装大型竹面　大郁产品的大型竹面和小郁产品的大型竹面制作方法相同，只是竹面的长度、削路多少不同。

安装竹面的方法较为简单。因为竹面的宽窄、长短是按各产品的实际需要，在竹面上能制作时就配好了的，所以销好竹面后，只要把竹面翻转过来，使表面朝上，先将面片和压闩退出，再将内边销篾（长于竹面宽的一部分）插入内边厅的销篾孔内（削路的宽度是按承挽安装的宽度而定的），然后将竹面向上使它稍微凸起，将另一边的销篾插入另一边厅的销篾孔内，再用手压平，并将两端的面片分别装好，闩上压闩及竹钉，最后用郁镰将竹面刮平，去毛刺，整装完毕。

（2）装靠背或围手　凡是靠背椅和围手椅，在成架后还要装配靠背和围手。装配的方法是，将已经准备好的零件（插挽、靠背或围手）安装到椅架上时，必须首先在椅架的两脚和左厅墨线上凿孔，孔的形状按零件的形状来决定。就插挽来说，它需要凿成长圆形的孔才能榫合，而靠背片要凿成长方形或半圆形的孔。凿孔时不要用力过猛，以免将孔的附近振裂。安装时两插挽的斜度要一致，然后将零件投入孔内上下榫合，再钻孔，闩竹钉，使零件固定。装配后要清理一下，除去毛刺，要求四脚平正，光滑无痕迹。

二、大郁竹家具制作工艺

大郁竹家具的品种虽不及小郁竹家具齐全、多样，产品的精致美观也相形逊色，但因原材料资源非常丰富，产品制作时工艺较为简便，在市场上售价低廉，所以使用非常广泛。特别是在广大的农村、农民的屋前屋后、山坡空地，一般有培植毛竹的习惯，为制作大郁竹家具创造了有利条件。农家在劳动之余，利用丰富的原材料，开展家庭副业，生产出各种大郁竹家具，除自用、馈赠外，还向市场提供了充足的货源，从而使大郁竹家具更为普及。凉床、凉板等产品在我国南方很多省、区（如湖南、湖北和四川等地）更是居家必备，户户皆需，深受人们的欢迎。下面选取凳、椅、凉床等产品进行制作实例介绍。

（一）方凳

1.制作凳面

选取两根直径约50mm的毛竹筒做厅，长度按照产品的规格要求截取。经过平厅后，在两厅的两端，各离开一个支柱直径的距离，开制半圆形压片榫眼，中间开制两个承挽榫眼。取竹片削制承挽和压片，榫合到开制的榫眼内，用闩钉紧固。再选取无节竹筒劈竹面，因竹面不大，可以不插销，竹面劈成后就可以装入承挽与压片之间。

2.制作支柱

选取直径与厅相适应的毛竹两根，长度根据设计尺寸来确定，作为脚料，在每个脚上各开制两个郁口。开郁口时，应注意各个相应的位置。同时，凿制好各踩脚挽的榫眼，将脚料郁合在面架的厅上。郁合时先用绳子扎紧，然后在四方插入预先削制好的踩脚挽，并闩上竹钉紧固，产品即制作完毕。

（二）靠椅

靠椅，竹器工人的行话又称为插手椅。这种产品由于实用价值高，坐用舒适方便，工艺不复杂，尤其在南方城乡使用普遍。

1.做座面

根据图样要求的尺寸，先将座面做好，制作方法与方凳座面的方法相同。但因本产品需要安装插挽和靠背，所以一些部件的榫眼要预先开凿。如两个脚在开制郁口一侧的中间，要先凿一个椭圆形的孔，在下方扯挽的相应部位也要开凿一个榫眼，以备下一步安装插挽时使用。在后面的厅上开凿三个长方形孔，以准备安装靠背片。

2.安装插挽、靠背

在座面支架的脚上，与已经凿好了孔的位置相对应，按一定的倾斜角度，开凿一个椭圆形孔，孔的大小与插挽的配合部位相适应。取直径小于脚的毛竹尾，长度根据设计要求来确定，做两根插挽。将插挽下端削尖，插入榫眼，并闩上竹钉紧固。再取竹片削制三块靠背片，插入后厅上已开凿的长形孔内。最后取毛竹尾做靠背的盖头，在盖头上开凿两个插挽榫眼、三个靠背片的榫眼，分别与插挽、靠背片榫合，闩上竹钉紧固。

（三）睡椅

大郁竹家具中的睡椅，是一种经济实惠的产品，人们在劳动、工作之余，用它来或坐或躺，舒适方便。

1.制作座架

按照规格尺寸的长度选取两个厅的材料，根据设计郁弯，并在相应位置开榫眼。削制座面承挽榫合到两个厅上，闩竹钉固定，这种产品一般采用圆形的承挽。选取直径约50mm的毛竹脚料两根，按照设计尺寸开制郁口，开凿圆形扯挽孔和长形扯挽孔，然后将脚郁合到两个厅上，并安装前后左右的圆形扯挽和片状扯挽，闩上竹钉紧固。

2.安装靠背架和面篾

选取两根直径约40mm的毛竹做靠背厅，开凿好各个榫眼。削制圆形靠背承挽榫合到厅上，闩竹钉固定，组成靠背架。然后按照定角度与座架配合，同样闩上竹钉固定。在靠背架顶部与后脚之间装配半圆形撑子。削制面篾，一端削尖插入前脚料上的孔内，用压片盖住。坐、靠部位的面篾都用藤皮或子篾缠扎，使面篾固定在圆形承挽上。

3.装配枕、扶手

取两根小竹筒进行火弯，内侧开槽或凿孔安装在靠背厅的顶端，闩竹钉固定。在槽内或孔内装上竹片即可。取毛竹尾两根，大端直径约为35~40mm，在设计位置开榫眼和郁口，装上扶手架，一端榫合在靠背厅，另一端闩竹钉固定在坐板厅和扯挽上，缠扎藤皮固定。在扶手架上装竹片面篾，下面安装撑子。装配后全面清检一遍，最后进行修饰。

（四）凉板

凉板为炎夏时的卧具，睡卧凉爽舒适，收藏及搬移均很方便，结构简单。

首先根据设计长度选取两根厅料，一般直径约为55~70mm，最好选头部一端的毛竹。经过平厅后，开凿承挽榫眼，削制半圆形承挽榫合到两厅的榫眼内，组合成面架。

其次选用两根较大的毛竹筒作为箍头,按照面架的宽度在两端的相应位置凿孔,然后将箍头榫合到面架两端,闩上竹钉紧固。

根据面架的内空长度,取毛竹削制板面,并安装到面架上,两端都用压片压住,在压片正中安装压闩。压闩的一端压住压片,另一端榫合在箍头榫眼内,并且闩上竹钉紧固。产品即制作完成。

(五)凉床

凉床也是炎夏时的卧具,它与凉板的区别在于有支柱支撑,体积比凉板大,收藏搬移不如凉板方便。

首先选取两根直径约50~70mm的竹头部位的厅料,经过平厅后,开凿榫眼,削制承挽榫合于厅,组成面架。

然后选取两根直径约50~70mm的支柱料,每根开制两个郁口,并且同时开凿好两端和两侧的踩脚挽、扯挽榫眼。将支柱郁合到面架上,取削制好的踩脚挽和扯挽榫合到支柱上,闩竹钉固定,组成凉床架。

最后按面架内空长宽,削制竹面安上,两端装上压片,闩上压闩,并且闩竹钉紧固。

第三节 竹集成材家具工艺

竹集成材是将速生、短周期(通常4~6年)的竹材加工成定宽、定厚的竹片(去掉竹青和竹黄),干燥至8%~12%的含水率,再通过黏结剂将竹片胶合而成的型材。竹集成材强度高,能满足多层建筑结构对材料物理、力学性能的需求,可大规模应用于建筑结构的梁和柱,解决一般多层竹木结构建筑需要大径级天然木材的技术难题。竹集成材已被广泛应用于建筑模板、车厢底板、地板和家具等产品中,而作为建筑材料的应用才刚起步。目前的竹集成材生产工艺可以灵活控制其构件尺寸和长度,具有较好的推广和应用前景。

一、竹集成材成形工艺

1.竹集成材的特性

竹材直径小,壁薄中空,尖削度大,其结构与木材有很大差异。竹材的强度和密度都高于一般木材,竹材产品的强度大于一般木材产品。作为结构材料使用时,竹材产品比木材产品体积小。竹材纹理通直，质感爽滑，色泽简洁，易于漂白、染色和炭化等处理，可以与一些阔叶材相媲美。竹集成材、竹地板可替代珍贵阔叶材，在家具、饰品和室内装饰等领域具有广阔的应用前景。

竹集成材作为一种新型的家具基材保持了竹材物理、力学性能好，干缩湿胀率低的特性，具有幅面大、变形小、尺寸稳定、强度大、刚度好和耐磨损等特点，并可进行锯截、刨削、铣型、开榫、钻孔、砂光、装配和表面装饰等方式加工。由于竹集成材生产时经过一定的水热和脱糖去脂炭化等处理，成品封闭性好，可以有效地防止虫蛀和霉变。竹集成材采用改性的UF树脂胶，比人造板游离甲醛低，环保性好。

竹皮的刨切与木皮刨切相近，是利用刨切机从竹集成材上刨出竹皮，厚度一般为0.6mm。通过热压处理将竹皮贴到人造板上可以作为一种新型纹理的家具人造板使用。一般可以作为家具的层板和面板。

竹集成材表面有天然的致密通直的纹理，竹节错落有致，板边缘具有竹材的天然质感，有排节和散节两种效果。此外，其结构的不同，装饰效果也不同，这方面同家具用的木质人造板有较大的区别，因为家具用的木质人造板不仅要饰面处理，更需要包边装饰，而竹集成材板的边缘只需铣削加工即可。竹集成材相对一般实木的力学强度较大，且干缩系数较小。

2. 竹集成材的制造

竹集成材的大致制作工艺为：挑选原竹→截断→开片→粗刨（去青去黄）→蒸煮→炭化→干燥→精刨→选片→辊胶→组坯→热压成形→防腐处理。

（1）原竹的选取　竹集成材的制备首先需要选取合适的原竹，竹子需圆、粗、直，且成材较好，竹龄合适。研究发现，毛竹材基本密度随竹龄的增加而逐渐增大，3年生竹材即可稳定在较高的水平，之后略有增大。竹龄小于4年时，其细胞内含物的积累较少，纤维间的微孔隙较大，干燥后易变形，制品干缩湿胀系数和几何变形均较大，故不宜选用；竹龄大于7年时，其含硅量增加，质地变脆，强度也随之降低，也不宜选用。4~6年的竹子坚韧富有弹性，且力学强度高，因此宜选用4~6年的竹子作为竹集成材的原竹。

（2）单元制造　竹集成材的单元为定宽、定厚的规则竹片，原竹经过截断、开片、粗刨、蒸煮、炭化、干燥、精刨等流程得到制作竹集成材的单元。此外，结构用竹集成材的长大构件，需要采用无限接长工艺。常见的竹片接长工艺有三种（图4-24）。如果制作较长的竹集成材构件，需对端部进行进一步的机械加工，以便于接长。

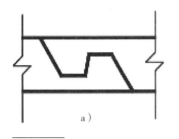 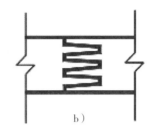 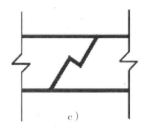

a）　　　　　　　　　　b）　　　　　　　　　　c）

图 4-24
三种竹片接长工艺

　　竹片的表面状态特点（如表面润湿性的大小、表面化学成分和结构等）对竹集成材的性能影响较大。通过研究发现，热处理可以减少竹片纤维素和半纤维素的含量，减少含氧官能团（如羟基和乙酰基等），使竹片的表面润湿性能下降，但是木质素的含量有所增加，从而使竹材的尺寸稳定性有一定程度的提高。随着热压温度和时间的增加，竹片的回弹系数减小，且与热处理工艺对应的回弹系数范围恒定，竹片的质量损失率增大。所有热处理方式中，汽蒸法热处理的竹片质量损失率较小。

　　（3）施胶　目前大部分企业的施胶工艺仍以人工为主，效率较低，劳动力成本也较高；少部分企业采用机械化辊胶工艺，自动化程度高，可降低劳动成本。

　　（4）成形　将施胶后的竹片单元接长组坯并压制单层板，再由单层板压制成大尺寸型材，可满足建筑尺寸的需要。竹集成材常见的组坯形式有三种，对应三类竹集成材：平压竹集成材、侧压竹集成材和平侧相间竹集成材（图4-25）。另外，也可以将竹纤维方向纵横交错组坯制作竹集成材，以提高两个方向的力学性能（图4-26），不同的组坯形式对应不同的竹片排列方式，其力学性能差异也较大。平压竹集成材和平侧相间竹集成材强度相对较低，多应用在板材构件中；侧压竹集成材力学性能较好，可以应用于各种结构构件中。

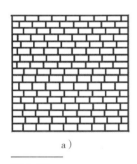 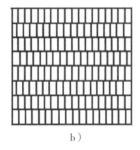 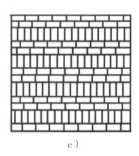

a）　　　　　　　　　　b）　　　　　　　　　　c）

图 4-25
竹集成材截面形式
a）平压竹集成材　b）侧压竹集成材　c）平侧相间竹集成材

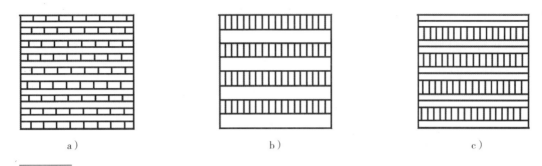

图 4-26

竹片交错组坯竹集成材截面形式

a）平压竹集成材　b）侧压竹集成材　c）平侧相间竹集成材

二、竹集成材家具制作工艺

竹集成材家具构件加工是利用传统木工工具或现代家具加工机械使竹集成材（包括直线型与弯曲型）由家具基材变成家具零部件的加工过程。由于竹集成材具有优良的加工性能，可根据木质家具（尤其是实木家具、板式家具）结构和生产工艺技术特点，生产各种类型的竹集成材家具。由于弯曲竹集成材家具既可认为是一种特殊的框式家具，又可认为是一种特殊的板式家具，因此竹集成材家具构件加工主要可以分为框式家具零部件加工与板式家具零部件加工。

1.框式家具零部件加工

框式家具零部件加工是对用于制造竹集成材框式家具的零部件进行加工，其与实木家具零部件加工类似，主要包括的工艺流程如图4-27所示。

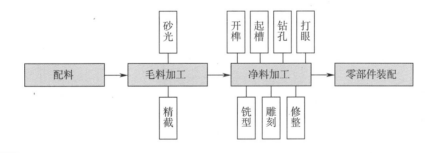

图 4-27

框式家具零部件加工工艺流程（灰色框表示主工艺流程）

在毛料加工工段，通过砂光、精截等处理可以将经过配料的竹集成材按照家具零件的表面技术与规格尺寸要求加工成表面光洁平整和尺寸精确的净料。常利用带式砂光机对竹集成材毛料表面进行处理，以提高表面的质量；而精截可利用精密推台锯、裁板机等开料锯完成。根据所获得的净料，能够确定竹集成材家具零件的基本尺寸，从而推断出家具造型的三维尺度。

净料加工是决定竹集成材家具构件造型、结构的关键性工段，也是竹集成材家具构件表面装饰的重要环节。开榫、起槽与钻孔、打眼可将竹集成材净料加工成具有各种接合用的榫头与榫眼、榫簧与榫槽以及连接件（或圆棒榫）接合孔的家具零件，它们的加工质量直接影响家具的接合强度和使用质量。所选用的设备应视实际情况而定，既可使用传统木工工具，也可使用现代家具加工机械，如榫头可通过手工锯、开榫机或铣床完成；榫眼与接合孔可用手工凿、手工钻、各种钻床或镂铣机完成；榫簧与榫槽一般可以用手工锯、手工刨、铣床、刨床或专用起槽机完成。铣型主要是为了满足竹集成材家具功能上与造型上的要求，将其零部件做出各种线型、型面及曲面，通常在各种铣床上进行，如直线形与曲线形型面都可在下轴铣床上完成，宽面及板件型面可由镂铣机加工，复杂外形型面可通过仿形铣床加工，回转体型面可通过仿形车床加工。雕刻主要是为了提高竹集成材家具的装饰性，在其零部件表面雕刻出各种图案，可用镂铣机、数控加工中心等设备完成。修整主要采用带式砂光机对家具零部件表面进行砂光处理，以消除净料加工过程中产生的加工缺陷，提高表面质量。

2.板式家具零部件加工

板式家具零部件加工是对用于制造竹集成材板式家具的零部件进行加工，由于竹集成材板面不需像木质人造板那样进行贴面处理，板边也无须封边，因此其与木质人造板板式家具零部件加工有一定的区别，主要工艺流程如图4-28所示。

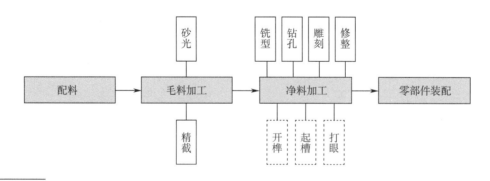

图4-28
板式家具零部件加工工艺流程（灰色框表示主工艺流程，虚线框表示可增加的工序）

由于竹集成材的特殊性，竹集成材板式家具零部件也可以像竹集成材框式家具零部件那样进行开榫、起槽、打眼，竹集成材家具与木质家具零部件净料加工工段的工序比较见表4-1。然而人们所认知的板式家具产品构造特征为（标准化）部件+（五金件）接口，通过零部件的标准化加工，可以实现板式家具的机械化流水线生产。因此在实际生产过程中，竹集成材板式家具零部件加工主要还是借鉴木质板式家具零部件的加工工艺流程，使其净料加工工段主要包括铣型、钻孔、雕刻、修整四道工序。竹集成材板式家具零部件铣型主要是利用各种铣床对净料的边部进行铣削加工，使其带有特定装饰型边；而钻孔主要是利用多轴排钻根据"32mm系统"加工出模数化、标准化的圆形"接口"，既可通过黏结剂将竹集成材板式零部件胶接成固定式家具，也可通过五金连接件将其接合成可拆装式家具。

表 4-1　竹集成材家具与木质家具零部件净料加工工段的工序比较

零部件工序	竹集成材框式家具	竹集成材板式家具	木质框式家具	木质板式家具
开榫	✓	✓	✓	—
起槽	✓	✓	✓	—
钻孔	✓	✓	✓	✓
打眼	✓	✓	✓	—
铣型	✓	✓	✓	✓
封边	—	—	—	✓
雕刻	✓	✓	✓	✓
修整	✓	✓	✓	✓

注："✓"表示有，"—"表示无。

第四节　竹重组材家具工艺

竹重组材（又称为重组竹或重竹，也称为竹丝板）是竹重组材家具（也称为重竹家具）的基材，它是一种将竹材重新组织并加以强化成形的一种竹质新材料，也就是根据重组木制造工艺原理，先将竹材加工成条状竹篾、竹丝或疏解成通长的、相互交联并保持纤维原有排列方向的疏松网状纤维束（竹丝束），再经干燥、施胶、组坯，并通过具有一定断面形状和尺寸的模具经成形胶压和高温高压热固化而成的一种新型的竹质型材。它能充分合理地利用竹材纤维材料的固有特性，既保证了材料的高利用率，又保留了竹材原有的物理、力学性能。

一、竹重组材成形工艺

竹重组材的大致制作工艺流程为：挑选原竹→竹材截断→竹筒剖分→竹条开片→

竹片疏解（压丝）→蒸煮或炭化→干燥→浸胶→二次干燥→选料组坯→模压成形→固化保质。

竹重组材制造的工艺技术主要包括如下：

（1）原竹的选取　竹重组材的原料来源广泛，可以利用各种竹子作为竹重组材的原料。如毛竹，应选用4年以上的竹子，可用不宜制造竹集成材的毛竹，也可用竹集成材生产中余下的竹梢、竹片等下脚料，竹席、竹帘生产中产生的废竹丝等。小径竹或杂竹也是生产竹重组材的好材料。但在选料时，应选取适当竹龄且无明显虫蛀、霉变的竹材作为原料。

（2）竹片疏解（压丝）　竹片疏解是竹重组材生产中最重要的工序，它是制造长条网状竹材小单元（竹丝、竹丝束）的过程。生产竹重组材的最小单元通常为竹篾、竹丝、竹丝束、竹纤维束等，它们可以用多种方法制得，具体要根据原料特点和竹重组材产品的质量要求来确定。目前生产中常采用辊压方法进行竹片疏解，它是将剖分、开片、去青、去黄后的毛竹竹片，经过疏解（压丝）机上一组凹凸相配的辊轮式刀具进行挤压、碾压制成碎裂网状竹丝束，竹丝束纵向不断裂，横向松散而交错相连、不完全分开，且保持竹材纤维排列方向，并能自然铺展、不卷曲。采用辊压方法，竹丝疏解效果好，而且材料利用率和生产率高，易于实现连续化作业。

为了便于竹材疏解成竹丝束，有时需要先对竹材或竹条、竹片进行软化处理。软化处理可采用碱液蒸煮或浸泡的方式，即采用pH值为9.2~9.4的碱液，在80~100℃蒸煮2~4h；或采用pH值为8.5~9.0的碱液，在75~80℃浸泡12h。由于软化处理中采用的碱液对竹材有一定影响，因此疏解后应对竹丝束进行水洗，即在清水中浸渍后立即取出，去除部分水解产物和降低表面碱性。

（3）蒸煮或炭化　蒸煮或炭化的目的是把竹材内的蛋白质、糖类、淀粉类、脂肪以及蜡质等物质除掉。蒸煮的同时可增加竹片的白度和亮度，蒸煮中加入过氧化氢等漂白剂可使竹片漂成白色；炭化是指将竹片在高温、高湿条件下变成深棕色。

蒸煮处理时，将竹篾或竹丝、竹丝束放入蒸煮池中，蒸煮时间为1.5~2h，温度为80~100℃，分常压和加压两种，其中加压蒸煮的压力为0.6~0.8MPa。炭化处理时，将竹篾或竹丝、竹丝束放入炭化炉中，用温度为100~105℃、压力为0.3~0.4MPa的蒸气处理1~1.5h，使竹材中的糖、淀粉、脂肪、蛋白质等分解，使蛀虫及霉菌失去营养来源，同时杀死虫卵及真菌，处理后的竹材呈古铜色、咖啡色、棕褐色等深色。此外，蒸煮时可加入防虫剂、防腐剂和防霉剂进行三防处理。

（4）干燥　经过蒸煮或炭化处理后的竹丝、竹丝束等竹材小单元材料需要进行干燥处理。一般常采用太阳晒、人工窑干燥、烘房干燥。干燥后的竹丝、竹丝束等的含水率一般应控制在12%以下，常为8%~10%。只有当竹丝、竹丝束等达到干燥工艺标准要求时，制成的竹重组材成品才不易变形、开裂或脱胶。

（5）施胶　竹丝、竹丝束等竹材小单元材料的施胶可采用喷胶和浸胶两种方式。采用浸胶法施胶的竹丝、竹丝束等，由于其含水率过高，有的高达50%~80%，因此，还需要进行二次干燥。而采用喷胶法施胶的竹丝、竹丝束等可不再进行二次干燥，从而简化了生产工艺，降低了制造成本。但由于浸胶比喷胶均匀，施工操作也比较方便，因此生产中大多采用浸胶方式。浸胶时，通常将竹丝、竹丝束等竹材小单元材料按一定重量系成捆并装入特制吊笼，然后用电动葫芦将吊笼吊放到浸胶池内浸渍至饱和，经过一定时间后，再将其吊起放至浸胶池上方的滴胶台上，直到将多余的胶液滴完或淋干为止。

（6）二次干燥　竹丝、竹丝束等在浸胶中完全饱和地吸收了树脂胶黏剂水溶液，其水分含量较高，因此，需要再次进行干燥处理至工艺要求的含水率。一般有自然晾干法和人工烘干法。自然晾干法比较简单、成本低，一般时间不超过5h，但在阳光下晾晒后不宜马上进行胶压，因为在晾晒过程中竹材小单元材料在受热过程中表面水分失去过快，容易断裂，需在阴凉处放置一定时间，使竹材小单元材料能够自然吸收空气中的水分，从而使其具有一定的韧性和延展性。

由于自然晾干法受到气候和场地的限制，因此目前常用人工烘干法。人工烘干法一般采用连续式隧道烘房（或多层往复式连续烘干线），要求其有一定的温度，并保持循环通风，通过控制传送竹材小单元材料的移动速度来控制干燥程度。一般将浸胶后的竹材小单元材料在30~45℃的通道内烘干3~5h，使其含水率达12%左右，同时也可使黏结剂实现预干燥。在胶合压制之前，经预干燥的竹丝、竹丝束等竹材小单元材料还应在常温下放置一定时间再进行时效处理。

（7）选料组坯　根据竹重组材产品性能的要求，对烘干的浸胶竹材小单元（竹丝、竹丝束、竹篾等）进行自检筛选和人工组坯。选料是去除不合格的竹材小单元材料，组坯是将烘干后的浸胶竹材小单元顺纤维方向称重、装模。

组坯方式直接影响竹重组材产品的密度均匀性、色泽符合性和纹理仿真性，其中，称重是保证竹重组材产品密度的重要环节，应根据产品的密度来决定组坯材料的重量；装模是保证竹重组材产品色泽和纹理的重要环节，应根据产品的色泽和纹理要求将竹材小单元材料全顺纹整齐排列并均匀铺装，或将色泽差异较大的竹材小单元材料混合定向排列并搭配铺装。

（8）模压成形　根据竹重组材产品规格尺寸的不同，其模压成形有不同的方法。对于幅面大、厚度小（如厚度25mm以下）的竹重组材板材，一般可采用普通人造板热压机进行热压成形；对于长度大、宽度小、厚度大（如厚度100mm及以上）的竹重组材方材，常采用专门的竹重组材冷模压机进行冷模压成形，然后再进行热固化处理。

二、竹重组材家具制作工艺

竹重组材家具是指将竹材纵向疏解成通长且保持原有纤维排列的疏松网状竹丝束，并经施胶、组坯、成形模压而成一定规格的竹重组材，然后再通过家具机械的加工而成的一类家具。由于竹重组材是根据重组木制造工艺原理制成的高强度、高性能的型材或方材，具有密度高、强度大、变形小、刚性好、握钉力高和耐磨损等特点，并可进行锯截、刨削、镂铣、开榫、打眼、钻孔、砂光和表面装饰等加工，因此，利用竹重组材可以制成各种类型和各种结构（固装式、拆装式、折叠式等）的竹重组材家具。

竹重组材家具的结构和制造工艺以及加工设备，与木质家具、竹集成材家具基本相似，而且由于竹重组材一般多为型材或方材，因此，目前竹重组材家具的常见结构、制造工艺和加工设备，基本与实木框式家具相同，竹重组材家具的制作工艺流程如图4-29所示。

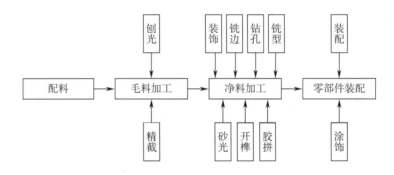

图 4-29
竹重组材家具的制作工艺流程

竹重组材家具零部件的主要原材料是竹重组材的各种型材或板方材。零部件的制作通常从配料开始，配料就是按照产品零部件的尺寸、规格和质量要求，将板方材锯制成各种规格和形状毛料的加工过程。

在毛料加工工段，经过配料后的竹重组材型材或板方材按零件的规格尺寸和技术要求锯成毛料，但有时毛料可能出现翘曲、扭曲等各种变形，再加上配料加工时都是使用粗基准，所以毛料的形状和尺寸总会有误差，表面粗糙不平。为了保证后续工序的加工质量，以获得准确的尺寸、形状和光洁的表面，必须先在毛料上加工出正确的基准面，作为后续规格尺寸加工时的精基准。毛料加工是指将配料后的毛料经基准面加工和相对面加工而成为合乎规格尺寸要求的净料的加工过程，主要是对毛料的四个表面进行加工和截去端头，切除预留的加工余量，使其变成具有符合要求而且尺寸和几何形状精确的净料。毛料加工主要包括基准面加工、相对面加工、精截等。平面和侧面的基准面可以采用铣削方式加工，常在平刨或铣床上完成；端面的基准面一般用推台圆锯机、悬臂式万能圆锯机或双头截断锯（双端锯）等横截锯加工。基准相对面的加工也称为规格尺寸加工，一般可以在压刨、三面刨、四面刨、铣床、多片锯等设备上完成。

净料加工是决定竹重组材家具构件造型、结构的关键性工段，也是竹重组材家具构件表面装饰的重要环节。方材胶拼不仅能扩大零件幅面与断面尺寸，提高材料利用率，同时也能使零件的尺寸和形状稳定、减少变形开裂和保证产品质量，还能改善产品的强度和刚度等力学性能。另外，为了美化制品外观，改善使用性能，保护表面，提高强度，有些竹重组材家具所使用的零件需要采用薄竹等饰面材料进行表面装饰或贴面处理，表面铣型也是竹重组材家具的重要装饰方法。竹重组材板式零件经过方材胶拼或表面装饰贴面胶压后，在长度和宽度方向上还需要进行板边切削加工以及边部铣型等加工。常采用精密开料锯或电子开料锯等进行精截加工。为了便于零件间接合，竹重组材零件的加工需要按照设计要求，对其进一步加工出各种接合用的榫头、榫眼、连接件接合孔、榫簧与榫槽等，使之成为符合结构设计要求的零件。各种榫头可以利用开榫机或铣床加工；各种榫眼和圆孔可以采用各种钻床及上轴铣床（镂铣机）加工，对于符合"32mm"系列规定的圆孔，常用单排钻、三排钻和多排钻等进行钻孔加工；榫槽和榫簧（企口）一般可以用刨床、铣床、锯机和专用机床加工。在净料加工阶段，为了减小尺寸偏差，使零部件形状尺寸正确、表面光洁，通常采用各种类型的砂光机进行砂光处理。

竹重组材家具的零部件装配是按照设计图样和技术文件规定的结构和工艺，使用手工工具或机械设备，将零件组装成部件。竹重组材家具的零部件与木质家具一样，还必须再进行表面涂饰处理，使其表面覆盖一层具有一定硬度、耐水和耐候等性能的漆膜保护层，以避免或减弱阳光、水分、大气、外力等的影响和化学物质、虫菌等的侵蚀，防止制品翘曲、变形、开裂和磨损等，以便延长其使用寿命；同时提高竹重组材家具的外观质量和装饰效果。各部件在配套之后就可以按产品设计图样和技术要求，采用一定的接合方式，将各种零部件及配件进行总装配，总装配与涂饰的顺序视具体情况而定。总装配的先后顺序取决于产品的结构形式，非拆装式家具一般是先装配后涂饰，而拆装式家具是先涂饰后装配。

第五节　藤家具工艺

藤家具是指以藤材为主要基材加工而成的家具。棕榈藤是制作藤家具的主要原料，为了提升藤材的造型艺术感染力，保证加工工艺可行性，满足结构合理性的要求，在制作过程中还可以辅之柳条、芦苇、灯芯草、稻草等其他攀缘植物的秆茎，以及竹、木质材料、金属、玻璃、塑料、皮革、棉麻等。藤家具的艺术风格简称为藤艺风格，具有藤艺风格并用藤艺加工的家具，与藤家具一起统称为藤艺家具。

一、藤家具基础工艺

（一）藤材备料

将藤材加工制作成各种家具、产品及工艺品，必须经过藤材制备的过程，藤材制备又分为藤条的截割、藤皮的分剖、藤芯的解劈和面层的编织四个部分。

1.藤条的截割

藤条的截割以2m为标准，其他需要长度不在此限。其大小分类有特大号、大号、中号及小号等，细藤不在此分类内，以捆或重量计量。藤条的选择以色泽纯一、节疤不明显、生长过程良好、藤料头尾大小规格差别不大者为佳。

2.藤皮的分剖

用于剖分藤皮的藤材要求柔韧性好、强度大，如白藤、竹藤、赤藤等藤种的藤皮柔韧性和强度非常大，是编织和捆扎的绝佳材料。藤皮长度的分剖以4m为标准，宽度可分为一号、二号、三号、四号及五号等，藤皮的加工宽度常为5~6mm，厚度约为1.0mm。藤皮在使用前通常要经过药物处理，色泽纯白、无蛀斑伤痕、宽度厚度均匀者为上品，同时分割的藤皮大小均匀，厚薄相差不多为佳，否则制作时容易拉断，成品也不雅观。

藤皮劈剥加工均以机器自动化操作，生产率高且规格性能一致，但在编制时最好再经人工修整，即用剑门刀修削，编织能更顺滑。

3.藤芯的解劈

藤芯是藤条劈割藤皮后的副产物，价格比藤皮便宜，根据藤条直径的大小而劈割为若干面，然后再经过解劈而产生不同号的藤芯。藤芯长度的解劈也以4m为标准，其分类有一号、二号、三号、四号至二十四号等，列号数字越大则越细，以所编制的藤器用途及部位来选定藤芯材料，普通藤细工的编制多以十八号、二十号及二十四号为适宜。另外，藤芯本身越细则价格越高，因藤芯细小劈割易断裂，材料损失较多。

4.面层的编织

原藤经以上加工后，也可进一步用编织机或人工编织成面状构件，目前市场上有编织面半成品销售，藤木家具生产多是用这样的编织面。机编面要比人工编织面便宜。

（二）藤材的加工与处理工艺

藤材和木材、竹材一样，都是属于非均质的各向异性材料，但在外观、结构等方面又与木材存在着很大差异，与竹材也有一定差异，有自己独特的物理力学性能。藤材强度高、韧性大、易加工、易弯曲变形，使得藤材有各种各样的用途，但这些特性也在相当程度上限制了藤材优异性能的发挥。因此，砍收后的原藤，必须经过加工处理后才可使用。原藤的处理可分为除硅、清洗处理、防腐处理和漂白处理四个部分。

1.除硅

除硅可用金属刷或刀片、竹片除去藤材表层的硅砂及残存叶鞘的杂质。

2.清洗处理

由于藤内分泌物较多，很易使藤茎发黑，角质内外层脱落，失去藤的特性。因此，砍伐后的藤条必须在短时间内进行清洗处理。清洗处理方法大致可分为以下三种类型：

1）泡水洗擦：用粗布袋、椰子纤维或沙擦洗，直到干净，然后干燥，这种方法简单且投资小。

2）用木糠、沙、煤油混合并用椰子纤维擦净，再放在清水中冲洗，进行干燥。这种方法可提高藤茎的表面光洁度，加快表皮角质硅化，对防腐也起一定作用，投资较小。

3）用油煮沸，使藤茎内分泌物在高温下脱出，即油浴。这种方法可降低劳动强度，藤的品位也可提高，但投资较大。一般认为，油浴在于排除角质、树胶及水分，能改善颜色和光泽，减少菌、虫害。

3.防腐处理

防腐处理是为了避免在藤里出现蓝黑色斑点、昆虫及其他危害性的生物体，因为这些会降低藤的质量，以致被虫蛀毁坏。防腐处理的方法主要有以下几种：

（1）自然通风　藤材防蛀处理与竹材相似，置于室内通风良好的地方，地上撒些石灰以防潮湿，或悬空架起，令其自然阴干。

（2）涂油漆、沥青　刚采收的藤，在藤材（藤条）断面切口处涂敷一些油漆、沥青、石油或樟脑油等，以防蛀虫或霉菌侵入。

（3）化学药物浸泡　用化学药物浸泡，可使藤茎管孔充满化学药物，以避免真菌与昆虫的侵蚀，即施行有毒药水进行杀菌防蛀。可用PCP（五氯石碳酸钠）、鱼藤、碳酸钠溶液等药品处理，因其中一些药物有剧毒，使用时要注意防毒。

（4）河中浸泡　把成捆藤浸泡在水里（必须是流动淡水，可自动更新有进退水流的河流或运河），并在藤的上面放置压物，使藤能全部沉浸在水里15~20天，浸泡后的藤必须即刻晾干，但要避免在强烈阳光下暴晒。这种方法成本低，但时间稍长。

（5）油溶液加热　用油溶液加热浸泡防腐，可将顽性真菌与昆虫杀死。具体设备：溶液池（必须金属池）、压物、温度计、加热器或燃烧器。

4.漂白处理

清洗和防腐处理后的藤，为了使藤材色型稳定，应反复在阳光下晒和人工降雨，促使藤皮角质硅化，色型稳定。当藤的含水量达到约30%时，可进行漂白处理。

漂白处理的药剂主要有石灰、过氧化氢、次氯酸钠、漂白粉、亚氯酸钠、草酸、硫黄等，其中，硫黄最为常用，但硫黄漂白处理不能持久，日久色渐变黄。

漂白处理后再进行干燥处理。最后按藤的直径大小和品种、质量优劣、色型分类称重，并把它们捆成捆准备出售，目前基本上是人工分等。

二、藤家具制作工艺

（一）藤家具的骨架制作工艺

藤家具的骨架制作工艺主要包括骨架的成形和藤皮的缠扎，其具体工艺过程为：选料→藤料处理→设定规格→下料→模具制作→零部件加工→定架→缠扎。

1.骨架的成形

（1）选料　材料必须合理选用，均衡搭配，应按产品结构、形态、使用标准、经济价值进行配套搭配。理顺裁截藤料时，原则上直径在14mm以上的中大藤，视使用价值与结构而论，在可粗可细的情况下，要尽量用细的，这是协调性的整理，但也应以材料的性能为依据，确保结实牢固。在色泽的选择上，应把材料色泽差的藤材用在有覆盖或着色喷漆的产品上，如果是档次高的磨皮藤家具产品，选择藤材时应选择色泽好的。

（2）藤料处理　藤条、藤皮或藤篾在利用时需做适当处理，藤材处理主要包括如下：

1）藤条去节或刨圆。这一步处理往往要利用车刨、磨光机或刨光机处理，去除表面的藤节，刨圆藤材，使材料看起来更加统一。

2）磨光。为了改善产品的表面光泽，通常利用磨光机进行表面砂磨加工，同时还可除去表面的蜡质层，利于后面的涂饰处理。

3）藤条校直。对于弯曲的藤条进行校直，便于后面的加工处理。

4）藤皮或藤篾的修整。为了编织时更顺畅，用剑门刀对藤皮或藤篾进行修整。

5）染色处理。藤材本色为白色或米黄色，为了增加家具的款式变化及满足消费需求，藤材可进行染色处理，而且多染成深色。染色后的藤材明度降低，与藤材的素色形成鲜明的对比。藤材染色主要利用水性染料染色法和媒染法，前者多用于藤芯类材料的染色，后者多用于藤皮和藤条染色，藤芯不常用。

（3）下料　根据设计尺寸将藤材锯截成一定规格的毛料。对弯曲零件，要确定好弯曲点，根据弯曲点下料，并预留足够的加工余量。同时避免弯曲中心在节子上，因为节部可能是藤材弯曲时的薄弱点。

（4）模具制作　模具可起成形或夹持作用，有的可同时起到成形和夹持作用。对藤家具的生产而言，这一环节相当重要，简单的模具就能增加生产的多样性，使生产率提高。在藤家具生产的各个阶段，都要用到模具。使用模具，使得家具零部件的标准化、互换性成为可能。藤家具生产用到的模具有：弯曲和成形模具、校形模具、机械加工模具、装配模具。

（5）零部件加工　零部件加工是藤家具加工的主要工序。藤家具是框架式结构，主要由线形零部件组成骨架，然后再编织面状构件。零部件加工主要由以下几个步骤组成：

1）材料接长或并料。对于长度较短的材料根据需要进行接长，包括开榫、涂胶及接长；根据造型特征，对框体相应构件并料。

2）材料浸水。为了提高成品率，有些藤材（包括藤条、藤芯、藤皮和藤篾）在加工前要经过浸水处理，以改善其韧性，便于以后的编织弯曲等加工处理。

3）划线。根据零部件设计尺寸，对产品各部位的距离、弯曲弧度的数据进行精确计算，并人工标记下料位置、弯曲点位置及连接点位置。

4）框架构件的弯曲成形。在藤家具的生产中，藤材弯曲相当重要，也关系到家具质量。藤材弯曲的方法主要为加热弯曲。加热弯曲有两种常用的处理方式：一是明火加热，二是蒸汽加热。明火加热又包括炭火加热、喷灯加热等。通常情况下，小径级的藤条常用炭火、喷灯加热，3cm以上的大径级藤条常用蒸汽炉加热，3cm藤条加热约需15min。

5）校形。校形是零部件加工必不可少的一道工序，目的是达到成形零部件的标准化、系列化。校形可以保证零部件造型结构的准确性，可在弯曲工作台上进行，也可通过型模来完成，通常还需借助于喷灯或液体气枪进行适当的热处理（回火处理），小型构件可无热处理。

6）饰件的制作。饰件包括结构装饰构件、结饰构件等。有些结构装饰构件可在基本框架定好后边加工边固定到框架上，有些结构装饰构件需提前制作，做好的饰件可用射钉或U形钉将其固定，以免散开。结构装饰构件弯好后要进行定形，可在定形架上进行。

7）刮光或砂光。对零部件进行刮光而后砂光，以保证加工精度，也方便后面进行表面装饰处理，小型家具厂采用人工刮光或砂光，大型家具厂有专门的砂光机。砂光时根据要求的精度不同，可用不同型号的砂纸，一般开始用粗砂纸，最后用细砂纸。

8）打孔及开榫、开槽、切割等。对于后续要连接的部分，进行相应的打孔及开榫、开槽、切割等加工，如部分饰件的安装、圆棒榫的连接等需打孔，有些板面的安装要在框体构件上开槽，对于角部结合部位要进行开榫或切割加工。

（6）木质构件制作　在藤家具的生产中，难免要用到木质构件，常用的材料有木材和胶合板材。木材在制作家具框架时配合应用，如椅子座框或后腿；胶合板材用作家具的面状支撑，如座面支撑板、桌面等。

对于框体构件，其加工工艺过程为：木材干燥、木材锯截、木材刨切和加厚、表面砂光、弧面和边角砂光、构件初级装配。

对于面状构件，其加工工艺过程为：开料板面模压、锯截成形、钻孔、砂光等。

（7）定架　框架零件加工好后，需相互连接起来形成框架。框架的定制，称为定架，也就是框架的装配。这一工序相当耗时。通常需配备有组框台、带锯、斜接锯、曲线锯、气动钻或电钻、射钉枪、螺钉旋具等工具。

（8）检验　为了保证藤家具的规格尺寸标准，钉好的家具框架必须首先进行一次检验，不合格的框架需返回上一工序进行校形，直到检验合格方能进入下一工序。

2. 框架的缠扎

藤家具的框架必须进行缠扎或缠接。缠扎或缠接是框架连接的一部分，大部分定制的框架都需要缠接，既可以掩盖连接部位的钉头，同时又进行了加固。进行框架的缠接和缠扎时，关键环节是藤皮的起首固定（起编法）、藤皮的接长（接续伸延法）、藤皮的包角（包角法）和藤皮的末端固定（收口法）等。

（1）起编法　起编法有两种：第一种方法是钉固法，用右手将藤皮一端反面朝外，放置在待缠绕的部位上，左手按住藤皮的一端之末，右手的食指、拇指反藤皮，使藤皮的面朝外，用小钉紧固其藤皮的反拧处，然后由左至右缠绕并缠盖钉头和藤皮拧处；第二种方法是穿孔法，适用于编织有孔的部位，其做法是右手持藤皮，反面朝左穿过孔，左手食指将藤皮头（即一端之末处）正面朝外或朝内，伏在待缠绕的部位上，右手将藤皮正面朝外或朝内，由左至右缠绕，并盖压紧密孔与藤皮头，这种方法多用于扎局部交接部位，也称为扎"过马"。

（2）接续伸延法　藤皮的接续伸延法也称为接口（或驳口），有接续伸延扭结法、对口接续伸延法、打结伸延法。打结伸延法最简单，是一种临时性的做法，一般用于密排编织的位置，当编织时又打开结子，使循环编织将藤皮盖压于内。藤皮的末端也常用钉固定。

（3）包角法　包角法常用的有两面包角法和三面包角法。

1）两面包角法。把一根藤皮在末端反折一角最小的交叉点，并且用钉钉在角（A、B藤形成的夹角）正中的顶尖上，然后以这条藤皮反折所成的尖顶点为轴心基点，分别向构成夹角的A、B两藤以三角形的斜边拉扎。当藤皮拉至A藤时，藤皮则在A藤缠绕一圈，穿出相反方向，与第一条斜拉藤皮交叉于A藤上，然后再斜拉另一边到B藤处，也缠绕一圈穿出相反方向，交叉于B藤上，这样环回于第一斜边并排列，反复循环斜拉于A藤和B藤，不重叠，排列整齐顺滑。如包角后还需缠扎的，可用包角藤皮继续缠绕，

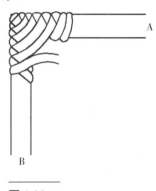

图4-30
两面包角

如包角后不需缠扎的，即告结束，要在交接最后的交叉点中钉一钉，以定位牢固，如图4-30所示。

2）三面包角法。把一条藤皮在末端反折一角最小的交叉点，并且用小钉紧固于三面角（假设A、B、C藤形成的三角面）的三尖顶点的正中，然后以藤皮反折所成的顶尖为轴心基点，把藤皮斜拉往A藤，藤皮在AC角中成为三角形的斜边，并缠绕A藤一圈，穿出A藤的另一边，继而向B藤斜拉，此时藤皮在A藤上交叉，以AB角的底线缠拉于B藤，并于B藤缠绕一圈，穿出B藤的另一边交叉，继续向C藤斜拉成为BC角的底线，拉至C藤时，也缠绕C藤一圈，

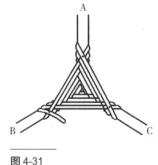

图4-31
三面包角

穿出C藤另一边，再往A藤循环缠绕，如此循环操作，三面包角便包扎而成，而且在A、B、C藤上都由藤皮交叉缠盖成"V"形。在此编织过程中务必把每一斜拉藤皮拉紧密，帖服于A、B、C藤，保持平顺整齐，不重叠且匀称。如需继续缠扎的，可用包角藤皮继续缠扎。如需结束，则以藤皮到A、B、C藤其中之一交叉点，穿过已缠扎的交叉点之下，然后在A、B、C藤的最后一交点中间钉一小钉，以保牢固，如图4-31所示。

3）藤皮的打角。藤皮打角用于以藤条或木材为支架，而藤皮无法包扎到的地方。藤皮打角法是将藤皮剪成若干片贴住弯曲处，使藤条或木材不外露为目的，使藤器的材料有个统一性。打角工作均在支架未编结时即要做好，让打角的藤皮头尾部分被卷扎的藤皮包住，这样使打角极其美观。

（4）缠接法　藤材作业中使用缠接法较多，否则便无法制成器物。藤皮缠接有多种方法，视制作情形与操作者的实际经验，来决定采用何种接法。缠接法主要有留筋缠接法、交错缠接法、双面编素缠法和单面编素缠法等。

（5）缠扎法　在制作藤器时，使用藤皮缠扎的机会很多，一是可以使藤器更为结实，二是可以作为藤器的一种装饰。其式样有多种，大同小异，视藤器部位而决定采用何种缠扎法。在操作时式样要整齐、正确及扎实。缠扎法主要有素缠法、交错缠、留筋缠接法等。

（6）结束收口法　结束收口法是编织结束时应理顺的最后一道的做法。当一个部位完结时，左手食指、拇指两指按住已缠绕妥当的部位，倒放宽4~5圈，右手把藤尾端，反藤皮底于外，朝左方倒放的4~5圈内穿过去，然后把放宽的几圈重新一一拉紧，并把藤皮末尾穿进的盖压在这几圈内的拉紧，用小钉在末尾最后一圈钉固压口，使之牢固。

（二）藤家具的编织工艺

1.起首编织法

藤器起首编织法，根据形式上的不同，可分为圆形、方格形、人字形、多角形及边缘起首法等多种。

（1）圆形起首法　圆形起首法的经线有奇数与偶数之分，经线为奇数者，纬线一根即可连续绕编；如经线为偶数者而纬线用一根起首，绕编一圈后须再加一条纬线，上下与经线交织，否则便重复了。圆形藤器的起首，以何种编法与用多少根经线较合适，应视器物的形态与实用性而定。圆形起首法因经纬线相互重叠的关系，在起首之初有显著凸凹不平现象，如米字形起首法等。有的起首则较平坦，如田字式编、环式编等，也可使用椭圆形等起首法。常用的圆形起首法有米字式、井字式、田字式和放射式等。

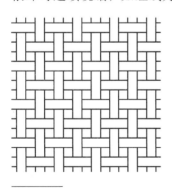

图4-32

经纬线压一挑一

（2）方格形起首法　方格形起首法为经纬线压一挑一（图4-32）或经纬线压二挑二（图4-33）相互交错编，

式样较简单。该法适合于方形或长方形的器物。

（3）多角形起首法　多角形起首法适用于圆锥体器物。一般先以三条经线相交错，然后再加上若干经线变成多角体。

（4）边缘起首法　有一部分藤器为半球形体以及不规则的形体，如藤器边缘附有藤条作为支架时，圆形起首法则不适宜，编完后需再卷扎于支架上，如以边缘起首法则较为方便，且紧固。其起首、编组及收口采取同一步骤完成，编法简单而迅速。

图4-33
经纬线压二挑二

2.藤皮编织法

藤器编制材料有圆形（藤芯）与扁平（藤皮）两种，其他编材也可以作为编制的材料，但不常用，因此藤器与竹器的编制，不免受到材料的限制，有些藤器的编制专用扁平材料，有些藤器适合圆形材料，有些藤器可混合用材，总之，应根据藤器的形态、位置、感觉及实用的需要，而选定各种材料。

（1）缠盖法　缠盖法适合于扁平材料，如扁篾与藤皮编织器物，使用圆形材料（如藤芯与篾丝等）虽可编插，但不宜太多。缠盖法编织面层是针对面层的边缘连接而言的，是在架子上根据固定所需，进行有间隔的规范做法的一种编织缠盖法。这里所指的缠，是指藤皮缠绕夹藤。所谓盖，是指夹藤盖压于露出的缠绕藤皮的做法，多用于制作通透花样和通透图案的艺术部位。缠盖法可编制出多种花样图案，包括方格形编插类和胡椒形编插类两种图案。

对于方格形编插类诸种图案，其常用的一些纹样的编织法如下：

1）方格形编法：经线与纬线挑一压一而形成。

2）两一相间编法：以双股和单股的经纬线正交压一编，编制时先将经线的单股与双股排列好，然后取纬线顺序编上。

3）三一相间编法：与两一相间编法相同，编好后用藤剪去掉剩余部分。

4）方孔穿插法：有单股与双股两种，于经纬线交叉处以压一插编，做对角线式编插，这种方法具有变化之美。

5）方孔加强编插法：用双股经纬线与适当间隔，分两层正交相叠，然后用单股编材通过双股经纬线构成方孔，做对角线式上下交叉编插。

6）菱形编法：以经纬线交错成一个菱形，经纬线数目最好不少于四根较为美观，并需维持菱形大小的形态。

对于胡椒形编插类诸种图案，其常用的一些纹样的编织法如下：

1）胡椒形编插法：以宽藤或扁篾编成胡椒形后，中间以夹藤或篾丝方格交错编插，如采用不同颜色的藤皮则更显美观。

2）胡椒孔单条穿插法：在胡椒孔每一间隔处横穿一编材，以六角形分割成两个五角形。

3）浮菊式编插法：于胡椒孔内每一间隔处用六条编材重叠穿过，另一胡椒孔仅两条编材穿插，显现图案一疏一密，密似菊花形，称为浮菊。

（2）挑盖法　挑是指一条藤皮在密排藤皮下面穿过去，并与密排的藤皮成90°挑起来盖在另一条藤皮上面。盖是指一条藤皮从已定位排档的藤皮上面通过把这根藤皮盖在下面。

挑和盖是对已定位排列妥当的藤皮而言，而且使用这种做法常为先按位密排，然后用挑刀（腰刀）或带针以挑盖的方式进行编织，由此可引申好几种不同图案：

1）挑一盖一法：是挑起一条藤皮，跟着又盖压另一条藤皮。运用此法务必注意第一次被挑起的藤皮，第二次则被盖；挑和盖相互循环转换，如此下去便是挑一盖一法。

2）挑盖棋盘形法：挑盖密排的菱形图案，又称为棋盘花，或称为人字形对称纹编组法，其操作是，将藤皮在应设定编法的范围内并排拉平，然后以中点的条皮为对称轴，保证图案的平行对称，然后中间盖住对称轴，分两边以挑三盖三的编织方法完成第一行。第二行是在中间挑起五条，然后分左右两边以盖三挑三进行编织。第三行是在中间挑起三条后，分左右两边以盖三挑三进行编织。第四行是在中间盖住一条，然后分两边以盖三挑三进行编织。第五行则为中间盖住五条，接着左右两边按挑三盖三的做法进行编织。第六行则为中间盖住三条，接着左右两边按挑三盖三的方法编织。这样循环地编织制作。当这样循环编织到设定内的1/2后，再倒反按先前方法进行制作，如用带针双藤皮行穿带入后，两皮分两边对称编织，则图案更加均等。由于中间部分编组变化，而形成向内聚缩的现象。该法因由经纬线密集编成，所以编织面十分结实，耐压力大，如沙发椅与藤床等支撑类家具均以此法编成。

3）图案花纹编组法：也以人字形对称的法则制成。选定一条经线为该图的中心，其他纬线均应配合图案中心编织。图案编组形式甚多，事前应先制图，以免错误。

4）文字编组法：以盖三挑三编法来处理各种文字，因经纬线交织构成笔画，以倾斜编织法较为妥当，从一角落开始至另一角落完成。

3.藤坐垫编组法

藤坐垫的编法，在藤皮作业中较具特殊性，是藤皮编组八角眼编法的运用。坐垫是用木材做成木框，用藤皮在木框上连续编结而成，其步骤如下：

1）在木框上钻好孔，四周每边各钻八个孔或更多孔，需视木框大小及藤皮编织的疏密而定。

2）将藤皮一端用小钉固定，另一端穿过对面孔作为经线，再由同一方向的第二孔穿上，往对面第二孔穿下，这样连续穿至最后孔成为诸经线。

3）拉纬线时即将经线折向纬线孔，由下方穿至上方，再叠在经线上拉向对面孔为第一条纬线。

4）其他诸纬线同上法穿完为第一阶段。

5）第二阶段以同样的方法做成双经双纬，并相互交错成压一挑一方式。

6）第三阶段是利用对角线编织法，以压二挑二在经纬线上编织，即成八角眼编织。

7）加强边缘。另取一藤皮穿过经纬线转折后所留在木框上的部分藤皮，使其整齐划一而遮住参差不齐的藤皮，增加美观性，同时也使人们起坐不致损坏衣裤。

4.藤芯编织法

通常都是以挑一盖一的编法为主，在某些范围内也有花样编织。藤家具的编织都依附于框架，而框架内的交接部位也要用藤皮缠扎牢固。藤编织的起点也是离不开圆形、蛋形、方形的起编法。同样是以经纬线为主，在不同形式上起点的选择就不同，应规范而合理化。如方形台，应选择方形起编，圆形台应选择圆形起编为宜，而且要保持经纬线的距离均等平整，适中合理。

（1）箩筐式编组类　箩筐式编组也是各类编组法的基础，其他各式均以此法为蓝本演变而来。该类多以圆形材料为经，扁平材料为纬，其编法有多种，常见的有：

1）箩筐式编组：在各法中最为简便，应用也最广，有双经单纬、单经双纬、双经双纬及单经单纬等诸方式，均视需要情形而定。其编法以压一编组，经纬线为奇数时较为简单，因纬线在编组时为紧压着经线受力较大，所以经线以双股或粗大单股、纬线以细小而柔韧者较为合适。

2）双经错一编组：有单纬双经错一编与双经双纬错一编等，经纬线数量视编材粗细而决定。以压二挑一编法为例，只是在每编一纬线之后，下一纬线在编织时需在挑压的位置上移位一条纬线，编成后纬线花纹呈一定的倾斜平行线，非常美观。

3）绞丝式编组：编法为以两条纬线交错在经线上编制，经线为双股，有压一或压二挑一及挑二压一编法等，专为编制花篮与手提包等高级藤器之用。

4）穿插式编组：按箩筐式压一编法，另用两条细薄编材随纬线交错绕住，当纬线编上一节则交错一次。该编法形式也比较美观，但编制较费时。

（2）编结组成类

1）横栅式编结：横栅式编结的经材以粗硬材料为支架，如细竹竿与小号藤条等均可，纬线以藤皮编结式包扎，经材距离需整齐划一，使其美观。

2）四孔相错编结：编法为用圆形而柔韧编材为宜，以双经双纬压一编法起首，渐次往外面续编，在第二次编结时需将两股线各自倒转换位编制。此法可编制成手提袋或旅行包等类器物。

3）鱼鳞式编结：此法是专门以圆形编材（如藤芯、篾丝及细藤）为主。以米字形起首编，器物高度以闭缘收口法，压一或压二均可。收口时将经材用三股绞丝编嵌紧，然后再用闭缘收口法结束。该法使用于圆形藤器而底部较深者，挑压需均匀结实，因空格划一如鱼鳞而得名。

4）衬托式编结：此法是藤器外表装饰的一种编法，在藤器编结过程中，留出一部分经材作为衬托之用。该编法适用于篮筐的中间凸出部分，较为服帖不易松脱，可增加器物外表的美观性。

（3）收口法　藤器收口的编制，用原来剩余经材加以编插，或另以藤材绕扎而成，有时为加强收口的硬度，用藤条或竹篾为支架，然后再用经材穿插。藤器收口时为防止纬线松弛，以绞丝正反编，起嵌紧作用，其主要方法有闭缘收口法、开边收口法和综合收口法。

5. 藤皮的打结

藤皮或藤芯作业常用打结，也称为编结。其方式有接长、拴着、打结、收尾及装饰等。打结诸方式中有的是实用要求，有的是作为装饰，但均要细心制作。常见的打结方法主要有以下几种：

（1）平结　将两条藤皮接长时用。平结是古老而最基本的结法，其优点是平整、简单而结实，平结越用力则结越紧，不易滑落。

（2）女结　女结也称为双扣结，也为接长之用，不过结较大，用于背面或不显眼的地方，以免影响观感。

（3）单圈扣结　单圈扣结也称为固套结，是一条藤皮或一条绳子一头拴在支架上，或拴在钉子上所打的结，以免滑脱。

（4）蝴蝶结　因形似蝴蝶而得名，为两条藤皮打成结，有装饰意味，一般在手提包、结网或打包物品上应用。

（5）菱形结　菱形结是三条藤皮交结而成，编结终了不使散开，或编结终了时留尾，以备连接之用。

（6）方形结　四条藤皮或篾丝编结而成，或作为器物的支脚部分，同时也可以作为装饰之用。

6.编织工艺过程

框架连接完成后，根据设计纹样要求和型模编织家具表面需要，框架通过编织的连接，使其结构稳定性大为增强。大部分编织是直接依据框架进行的，也有编织是先行编织面状构件（如发射状的座椅背板），然后钉到框架之上的。

依据框架直接编织一般分经线藤芯或藤皮的固定、编织、编织收口固定三道工序。经线藤芯用射钉或U形钉来固定，编织收口除要采用编织收口纹样将末端收口外，还须用U形钉或射钉将其最终固定于框架之上，在这当中多余的编织材料可用树枝剪剪去。单独编织好的零部件周边也可用U形钉或射钉固定于框架之上。

在整个编织工序中，许多步骤是相互关联的，必须在进行每一步骤前考虑好如何为下一步骤做铺垫，这样编织出的连接裸露部分越少，家具就会显得越美观，也更坚固。当然，由于编织纹样图案很多，不同的图案纹样编织技法也不同，这就要求必须熟悉各种编织技法，各步骤的先后顺序要考虑周到，才能收到好的效果，这当中工人的技巧和经验相当重要。编织层经纬线的距离要适中合理，压口藤要牢固，编织面要均等平整。

编织边部封口是为了掩盖编织边部与框架的连接处（包括起首和收口固定），可采用三种方法来封口。一是用压条将其压住，压条的固定采用射钉；二是用编织的纹样线型来封口；三是用缠盖法封口，也就是在编织面层时直接缠于边框上，要有夹藤来辅助。一般来说，家具不显眼的部位（如椅子靠背背面）用压条封口，而在家具显眼的部位（如椅子正面各部位）用编织纹样来封口，这种封口方法既是封口又是装饰，在高品质的藤家具中应用较多。缠盖法是较古老的做法，程序复杂，一般在透空形的藤皮编面中应用，现代应用较少。

（三）藤家具的表面装饰工艺

藤家具的表面装饰主要是采用染色或涂饰。藤家具的涂饰工艺，就是家具的表面修整、涂饰涂料及漆膜修整等一系列工序的总和。家具表面覆盖一层具有一定硬度、耐水、耐候等性能的保护层，使其避免或减弱阳光、水分、大气、外力等的影响和化学物质、虫菌等的侵蚀，防止制品翘曲、变形、开裂、磨损等，以便延长其使用寿命。同时，赋予家具一定的色泽，使其更加悦目舒适，涂饰效果的好坏对藤家具的质量影响很大。

1.表面修整

修整的目的是为涂饰准备一个清洁光滑的家具白坯表面，以获得良好的装饰质量，多为手工操作。修整包括：去除毛刺、除尘、去除污渍、漂白、填补、批腻子。

（1）去除毛刺　去除毛刺可采用两种方法，一是砂去毛刺，截面倒角，刮去加热弯曲过程中烤焦的表皮；二是用酒精喷灯烧去表面的毛刺，俗称为烧毛，完成后，再用毛刷、海绵等擦拭干净。

（2）除尘　除尘可用毛刷、海绵等擦拭。

（3）去除污渍　对于家具表面上的污渍（如污垢、胶痕等）可用细砂纸磨光，砂不掉时也可用精光短刨将表面刨干净。

（4）漂白　漂白是指藤材脱色的一种方法，但应用较少，个别情况利用。漂白采用化学药剂方法，使白坯颜色一致或去除污染变色。

（5）填补　填补是指填上家具在连接过程中形成的钉孔，使表面平整度提高，同时也填补部分小的连接缝隙及藤材局部的表面劈裂纹理。这道工序在藤家具的工艺中很重要，因为藤家具的连接大量用钉，表面留有钉孔，同时由于藤家具的构件多为圆形断面，构件与构件的连接（尤其是并接）部位难免会有缝隙或凹陷，通过填补，均可在一定程度上弥补以上缺陷。填补用的腻子是用大量的体质颜料，如碳酸钙、硫酸钙（石膏粉）、硅酸镁（滑石粉）、硫酸钡（重晶石粉）等，微量的着色颜料，如氧化铁红（红土子）、氧化铁黄（黄土子）、炭黑（黑烟子）等，以及适量的黏结物质，如水、胶、虫胶、光油、各种清漆等调配而成的稠厚膏状物。填补时用牛角刮刀或金属刮刀及铲刀、嵌刀将腻子嵌入，要使其填满填实，并略高于木材表面，腻子只许留在孔缝中，多余的应及时刮除干净。

（6）批腻子　批腻子是指为了填充藤材表面的细孔，使其表面平整，防止表面上的涂料过多渗入藤材中，从而可以在表面形成平整连续的漆膜。此处用的腻子同填补腻子类似，但其黏度稍低。

2.涂饰

涂饰包括着色与染色、涂底漆、涂面漆、涂层干燥。在这当中，着色与染色在需要时才进行。

（1）着色与染色　着色与染色统称为做色。目前，用于藤材染色的染料或染色剂也比较多，有直接染料、酸性染料、碱性染料、分散性染料、油性染料、醇溶性染料。其中，油性染料为目前流行的聚氨酯漆配套使用的着色与染色染料。做色方法与木材做色相似，包括涂底色、涂面色、拼色。

（2）涂底漆　涂底漆可以固色，进一步防止面漆沉陷，减少面漆消耗，能使基材在水分、热作用下产生的胀缩变化减少到面漆能承受的程度。涂底漆需要重复几遍，根据情况确定，通常2~3遍。

（3）涂面漆　涂面漆是指在整个涂饰过程中最后涂饰的用于形成表层漆膜的多遍漆。面漆的种类、性能以及涂饰方法直接影响漆膜的质量、性能与外观。

涂饰底漆和面漆可采用人工涂饰或喷涂方式，目前比较流行空气喷涂方式。手工涂饰包括刮涂、刷涂和擦涂等，是使用各种手工工具将涂料涂饰到家具上。手工涂饰方法简单，灵活方便，但劳动强度大，生产率低，施工环境差，漆膜质量受到操作者技术水平的影响。空气喷涂是利用压缩空气通过喷枪的空气喷嘴高速喷出时，使涂料喷嘴前形成圆锥形的真空负压区，在气流作用下将涂料抽吸出来并雾化后喷射到木家具表面上，以形成连续稳定漆膜的一种涂饰方法，又称为气压喷涂。空气喷涂需要有一套完整的设备。

（4）涂层干燥　干燥总是伴随着涂饰的每一过程。在家具的多层涂饰中，通常每涂层必须经过适当干燥后再涂第二层。涂层干燥可分为表面干燥、实际干燥和完全干燥三个阶段。在多层涂饰时，当涂层表面干至不沾灰尘或者用手轻轻碰触而不留痕迹时为表面干燥；当用手指按压涂层而不留下痕迹并可以进行打磨和抛光等漆膜修整工作时，涂层即达到了实际干燥；当漆膜干燥到硬度稳定，其保护和装饰性能达到了标准要求时，涂层即达到了完全干燥。

涂层干燥一般采用人工干燥，大型工厂也有专门的干燥设备，把涂饰与干燥连为一体，家具放于托板车上，通过干燥隧道来进行传输，将家具传送至涂饰室进行涂饰，涂饰后又进入干燥隧道干燥，最终的涂饰干燥在专门的干燥室干燥，这样便可加速干燥过程。

3.漆膜修整

漆膜修整包括磨光和抛光。

（1）磨光　磨光是指用砂纸或砂带除去漆膜表面上的粗糙不平，使漆膜表面平整光滑，可用手工或手持式磨（砂）光机进行磨光。

（2）抛光　抛光是指采用抛光膏摩擦漆膜表面，进一步消除经磨光后留下的表面细微不平，并获得柔和稳定的色泽。抛光并不是必需的，只适用于漆膜较硬的漆类，抛光可人工抛光或用手持式抛光机进行抛光。

习题

1.比较传统竹藤家具工艺与现代竹藤家具工艺的异同（字数2000～3000）。

2.论述藤家具制作的基本流程（字数2000～3000）。

参考文献

[1] 国际竹藤组织. 中国100个竹人竹事 [M]. 北京：外文出版社，2018.

[2] 龙佐娃，等. 世界竹藤名录 [M]. 北京：科学出版社，2017.

[3] 林峰，等. 我国明清时期竹家具形式美研究 [J]. 世界竹藤通讯，2018，16（04）：62-66.

[4] 黄章黎. "一带一路"背景下竹藤产业的可持续发展对策 [J]. 林产工业，2019，56（11）：71-73.

[5] 刘文金. 中国当代家具设计文化研究 [D]. 南京：南京林业大学，2003.

[6] 贺雪梅，等. 竹材在现代茶具中的设计应用 [J]. 林产工业，2018，45（03）：54-58.

[7] 翟文翔，顾颜婷. 浅谈禅宗文化与竹藤家具 [J]. 家具，2017，38（03）：61-63+75.

[8] 尹定邦. 设计学概论 [M]. 长沙：湖南科学技术出版社，1999.

[9] 刘文金，等. 当代家具设计理论研究 [M]. 北京：中国林业出版社，2007.

[10] 吴智慧，等. 竹藤家具制造工艺 [M]. 北京：中国林业出版社，2018.

[11] 夏建中. 文化人类学理论学派 [M]. 北京：中国人民大学出版社，1996.

[12] 方松华. 20世纪中国哲学与文化 [M]. 上海：学林出版社，1997.

[13] 徐恒醇，等. 技术美学 [M]. 上海：上海人民出版社，1989.

[14] 徐飙. 成器之道 [M]. 南京：南京师范大学出版社，1999.

[15] 孙巍巍，等. 中国传统竹藤家具的设计美学 [J]. 竹子研究汇刊，2014，33（01）：52-58+62.

[16] 何晓琴. 中国传统竹家具的文化特征 [J]. 世界竹藤通讯，2006（02）：42-45.

[17] 邹伟华. 家具产品设计 [M]. 合肥：合肥工业大学出版社，2011.

[18] 左铁峰. 工业设计中的实践性设计与概念性设计 [J]. 装饰，2003（12）：8-9.

[19] 李乐山. 工业设计思想基础 [M]. 北京：中国建筑工业出版社，2000.

[20] 唐开军. 家具设计技术 [M]. 武汉：湖北科学技术出版社，2001.

[21] 邹伟华. 家具展示设计的研究 [J]. 家具与室内装饰，2008，11（11）：56-57.

[22] 胡景初，戴向东. 家具设计概论 [M]. 北京：中国林业出版社，2000.

[23] 任立生. 设计心理学 [M]. 北京：化学工业出版社，2004.

[24] 沈祝华. 产品设计 [M]. 济南：山东美术出版社，1999.

[25] 任达，等. 筇竹家具创新设计研究 [J]. 林产工业，2019，56（12）：58-61.

[26] 姚利宏，等. 圆竹家具设计探究 [J]. 林产工业，2018，45（03）：26-30.

[27] 方方，等. 现代竹家具设计的中式审美倾向 [J]. 包装工程，2018，39（04）：136-140.

[28] 邓邦坤. 基于竹材力学特性的竹家具设计方法 [J]. 工业设计，2016（08）：99-100.

[29] 林峰，等. 我国传统竹家具的"线"艺术研究 [J]. 世界竹藤通讯，2017，15（02）：15-19.

[30] 张宗登，等. 湘西南民俗竹家具种类及工艺特征分析 [J]. 南京艺术学院学报（美术与设计版），2009（04）：151-153+182.

[31] 李娜. 初探全竹家具结构创新设计 [J]. 艺术与设计（理论），2014（05）：120-121.

[32] 赵洁，等. 黑竹家具创新设计研究 [J]. 包装工程，2014，35（18）：47-49+74.

[33] 谢大康. 产品模型制作 [M]. 北京：化学工业出版社，2004.

[34] 许明飞. 产品模型制作技法 [M]. 北京：化学工业出版社，2004.

[35] 刘铁军. 表现技法 [M]. 北京：中国建筑工业出版社，2004.

[36] 周雅南. 家具制图 [M]. 北京：中国林业出版社，2000.

[37] 邓背阶. 家具设计与制作工艺 [M]. 长沙：湖南科学技术出版社，1996.

[38] 刘文金，等. 家具造型设计 [M]. 北京：中国林业出版社，2007.

[39] 唐立华，等. 家具设计 [M]. 长沙：湖南大学出版社，2007.

[40] 邹伟华. 家具产品设计 [M]. 合肥：合肥工业大学出版社，2011.

[41] 刘永德. 建筑空间的形态、结构、涵义、组合 [M]. 天津：天津科学技术出版社，1999.

[42] 王菊生. 造型艺术原理 [M]. 哈尔滨：黑龙江美术出版社，2000.

[43] 许佳. 重识斯堪的纳维亚柔性功能主义 [J]. 装饰，2004（3）：61.

[44] 徐恒醇，等. 技术美学 [M]. 上海：上海人民出版社，1989.

[45] 刘永翔. 产品设计 [M]. 北京：机械工业出版社，2008.

[46] 鲁晓波，等. 工业设计程序与方法 [M]. 北京：清华大学出版社，2005.

[47] 孙颖莹，等. 设计的展开 [M]. 北京：中国建筑工业出版社，2009.

[48] 卢晓梦. 藤材在仿生家具形态中的运用研究 [J]. 家具与室内装饰，2018（03）：26-27.

[49] 张颖泉，吴智慧. 中国古代藤家具的形态挖掘及特征提取 [J]. 包装工程，2017，38（12）：110-115.

[50] 强明礼，等. 浅议藤家具的造型特征 [J]. 世界竹藤通讯，2007（03）：45-48.

[51] 唐开军，等. 竹家具的造型特征研究 [J]. 家具，2002（02）：17-20.

[52] 薛拥军. 形式与功能——设计美学视野下的竹家具设计探析 [J]. 竹子学报，2017，36（04）：55-60.

[53] 雷达，等. 基于工业设计的原竹家具造型研究 [J]. 竹子研究汇刊，2015，34（04）：6-10.

[54] 张齐生，等. 中国竹工艺 [M]. 北京：中国林业出版社，2003.

[55] 彭舜村，等. 竹家具与竹编 [M]. 北京：科学普及出版社，1987.

[56] 曹友余，等. 益阳传统民间竹家具郁制工艺的继承与创新性研究——以竹凳为例 [J].美术大观，2012（04）：58-59.

[57] 吴智慧. 竹藤家具制造工艺 [M]. 北京：中国林业出版社，2009.

[58] 李延军，等. 我国竹材加工产业现状与对策分析 [J]. 林业工程学报，2016，1（01）：2-7.

[59] 黄凯. 竹集成材在家具设计中的建构研究 [D]. 长沙：中南林业科技大学，2014.

[60] 蔡言. 探讨传统竹家居工艺在现代竹工艺品中应用技术构建 [J]. 企业导报，2016（11）：
37+39.

[61] 夏雨，等. 原竹家具制造工艺研究 [J]. 竹子学报，2017，36（01）：64-67+73.

[62] 刘君. 竹家具的工艺特征 [J]. 家具与室内装饰，2001（03）：49-51.

[63] 李吉庆. 新型竹集成材家具的研究 [D]. 南京：南京林业大学，2005.

[64] 李军伟. 竹集成材家具的特征与生产技术 [J]. 木材加工机械，2011，22（01）：47-50.

[65] 袁哲. 藤家具的研究 [D]. 南京：南京林业大学，2006.

[66] 左春丽，岳金方，周宇，等. 竹藤在家具上的应用 [J]. 世界竹藤通讯，2004（03）：8-11.

[67] 李吉庆，吴智慧，张齐生. 竹集成材家具的造型和生产工艺 [J]. 林产工业，2004（04）：47-52.

[68] 李军伟. 竹集成材家具的特征与生产技术 [J]. 木材加工机械，2011，22（04）：47-49+22.